對人好，對地球好

企業 ESG 永續行銷實踐指南

美門行銷總監

王麗蓉——著

作者序

出發前的行囊準備
打造最美的永續事業

「最大的財富是以少為足。」（The greatest wealth is to live content with little.）

——柏拉圖（Plato）

北非突尼西亞原住民柏柏人與沙漠共處的方式，是人類簡單、快意、永續生活的智慧，也是現代版的社區ESG。

面對氣候變遷，他們以白色建築反射太陽熱量，以降低能源需求。房屋依地勢而建，使用石頭和泥土作為主要材料，建造過程幾乎不倚賴外來資源。農業方面，他們尊重自然節奏，進行多樣化種植，選擇適應沙漠環境的棗椰樹、橄欖樹等作物，充分利用水資源，並避免土地過度消耗。

旅行是閱讀，是探索，也是省思，更是身心靈的洗禮。二〇二三年七月的北非旅行，讓我對「Simple and easy life」有了深刻的體悟。

寫這本書的初衷，是因為我將自己視為第一位、也是最重要的讀者，藉此尋找我內心深層渴望解答的問題。

在企業做出決策和日常經營時，我們應該不斷思考：如何在造福人類和地球的同時，創造一個公開透明、善用資源、符合全體利益的經營模式？如何在這個過程中獲取合理的利潤，並實現真正的永續發展？

這是一個宏大的願景，不僅需要崇高的理念，更需要具體且可行的策略，並以持之以恆的毅力與信念去實踐。透過這本書，我希望分享我在這條道路上所經歷的思考與實踐，將這些經驗帶給所有希望推動ＥＳＧ的企業主，並以具體案例證明這些理念如何在現實中生根，激發每位讀者思考：如何在自己企業的日常運作中實踐這些價值。

ＥＳＧ不僅僅是檢測成績或指標，它是一種經營的邏輯，甚至是一種信仰。

本書將探討如何建立這樣的信仰體系。雖然這並非一條易行之路，但透過清晰的方法和步驟，實際經驗證明這是可以實現的。

地球，其實是每一家企業最重要的「股東」。本書中，我們將以實際企業案例分享如何在內部建立以ESG為核心的文化。這需要自最高管理層開始，逐步滲透到每個部門、每位員工的日常工作中。這樣的文化不僅能提升企業的凝聚力和員工的歸屬感，也能幫助企業在市場中樹立良好形象，吸引更多的消費者和投資者。

本書彙集了我近二十五年的品牌行銷經驗，並分享了我與美門整合行銷團隊共同研發的ESG整合行銷工具——「**精準行銷六步驟**」。此外，書中還收錄了我在Podcast節目《總監叮咚》中訪談企業與組織的案例，其中包括美門的合作夥伴及優秀業主：

羅布森樓梯升降椅：以永續思維打造品牌文化，榮獲《遠見》雜誌二〇二三年ESG企業永續獎。

香草豬：全台灣唯一廣受國內外期刊支持的肉品，推動「食代革命」，躍上國宴餐桌。

巨大集團（Giant Group）：自行車王國的推手，通過自行車文化探索館，展現ESG的慢活理念。

崴正營造：前服務業主自行創業，榮獲《遠見》雜誌二〇二四年ESG企業永續獎傑出方案人才中小企業獎，展現ESG如何助力EPS成長。

明日餐桌環境廚房、地表最廢垃圾學校：由楊七喜帶領的永續行動，為環保與食材創新提供新視角。

ESG國際公民大學：由王瑜君博士創辦，借鏡德國啟發台灣永續創新實踐，並於二〇一八年獲頒《德台友誼獎章》。

半山夢工場：樹德企業吳宜叡董事長創立，耗資三十億，以企業品牌探索國家定位，對土地文化價值的永續探問，已獲世界十四項國際獎項的肯定。

台中知識創新扶輪社：筆者參與創社，結合服務與永續，打造創新服務模式。

這些案例，並非僅僅是企業在資源豐裕時的加分選擇，而是面對種種挑戰時，依然堅守「對人好，對地球好」的信念，無怨無悔地走在永續的道路上。在實踐永續時，這些企業從未僅以投資回報或短期成果來衡量成敗。他們深信，唯有永續發展才能真正實現企業與環境的共生共榮，因此，無論過程多麼艱辛，他們的信念從未動搖。

例如，羅布森樓梯升降椅在面對產業轉型和技術挑戰時，並未放棄融入永續理念的品牌價值，而是更加堅定地投入資源，創造出兼具環境友善與產品實用性的創新設計。同樣的，香草豬自創立以來即堅持無添加純淨的生產方式，儘管成本較高、產量有限，依然堅守高標準，推動食代革命，為消費者提供健康食材。

巨大集團的自行車文化探索館展示了「ESG慢活學」，這並非為了提升營收，而是為了推廣與環境和諧共處的生活方式。建築業的崴正營造在競爭激烈的市場中，依然選擇透過雙軸轉型，將永續實踐融入每個建築細節，讓ESG成為企業文化的核心。

楊七喜的明日餐桌環境廚房與地表最廢垃圾學校的永續行動，即使多次面臨健康與營運的壓力，她仍專注於構建都市中的永續循環，期望為都市永續樹立典範。同樣地，王瑜君博士創立的ESG國際公民大學，也並未將盈利放在首位，而是透過共學模式推廣永續教育，激發多方參與者對永續創新的共鳴。

樹德企業的半山夢工場則突破了市場現實限制，將品牌與土地文化結合，致力於探索國家定位與土地價值的永續延續。而筆者參與創立的台中知識創新扶輪社，在資源有限的情況下，結合服務與永續創新，為社區和組織帶來永續發展的可能。

這些企業在資源有限甚至挑戰重重之時，依然以堅定的信念與勇氣推動永續實踐。無論遇到多少困難，他們都堅守初心，不以短期效益評估成果，這正是對永續價值最真誠的信仰。他們的故事告訴我們：真正的永續之道，源自於對未來的責任與對地球的熱愛。

在企業永續實踐過程中，挑戰和困難在所難免，但這些挑戰正是成長與進步的契機。我們應勇敢迎接，每次挑戰都是一次學習的機會，每次改進都是邁向永續未來的一步。只要堅定前行、持續改善，我們追求的永續未來並不遙遠。

美門的ESG永續整合行銷，已經踏上這條路，而我們的合作夥伴也在這條道路上穩步前行。誠摯邀請更多人一起加入，攜手踏上這條「永續美善事業」的康莊大道，在這條無回頭之路上共同前進。

我在本書中的八個案例文末都提出了討論性和反思性問題，幫助讀者將這些經驗應用到學校、企業、機構或其他組織中，在最後的附錄中，同時規畫了一日或半日的永續工作坊實際流程，並包含企業永續教育訓練和大學永續課程教案架構。這些以本書為基礎的永續教育素材，期許能激發讀者的創意，尋找具體可行的ESG實踐之道。當這些思維內化成個人信念，它才會成為具體且持久的行動。

這本書不僅是一份指南，更是一份邀請，邀請每位企業主共同探索與實踐永續發展的可能性。讓我們攜手努力，為企業、社會、地球創造更加美好且永續的未來，並成為未來世代敬仰與感謝的好祖先。

> **“真正的永續之道，源自於對人類未來的責任和對地球永恆的愛。”**

王麗蓉

二〇二四深秋 於台中

推薦序

人工智慧無法替你說的永續幸福生命故事

在一片ESG的滾滾風潮中，麗蓉總監的這本書展現出獨特的視角：這本書紀錄了幾位社會創新企業家，他們從生命態度和價值觀的改變開始，主動反思自己的人生路徑，並選擇新的方向與行動。

我們常見的ESG課程或書籍，大多圍繞「碳排管理」為核心，少有強調人本身生命的改變。可以說，台灣的ESG風潮受到強大的「碳焦慮驅動」。不妨反問，如果ESG僅著重於「環境」（E），那麼歐盟為何還要如此重視「社會」（S）與「治理」（G）呢？

近年來，我走訪德國、荷蘭等地，實地拜訪各類創新單位，發現這些地區的公私部門和民間團體更重視社會設計與社會溝通。歐洲朋友談到未來的永續轉型與綠領人才時，尤其重視基礎教育、日常生活和消費習慣的轉型，並投入了大量資源。例如，柏林市中心在二〇二一年疫情期間新成立了一個「未來館」（Futurium），以簡單有趣的展覽與互動設計吸引各年齡層的民眾，幫助他們理解當前的轉型挑戰。而高等院校中也增加了強調「社會設計」（social design）的學程。

這裡記錄一段令我難忘的對話：

二〇二三年八月底，我在德國科隆附近的小城市參加一個戶外餐會，與我相鄰的座位上坐著一位表情冷峻的銀髮男士。我們閒聊中，他告訴我他已經八十歲，退休十五年，退休前是一家家具工廠的廠長。我問他如何安排退休後的生活，他的回答讓我難忘：

我們這個世代的財富是累積在污染地球的經濟模式之上，為此，我深感愧疚。於是，我決定將退休後的餘生投入彌補這個錯誤。退休後，我號召了朋友組成再生能源合作社，如今，我們的能源電廠已經步上軌道，最近還和附近的安老院連鎖集團簽約，為他們提供再生能源。

我接著詢問他：「那我可以邀請台灣的朋友們組團拜訪你們的能源合作社嗎？」

他帶著冷峻的微笑看著我說：「為什麼要來拜訪我們？像我們這樣的能源合作社，在德國就有好幾百座！」

事實上，德國的再生能源中，大約有四〇％就來自於這些散布在各地的能源合作社。

在歐洲，推動ESG的核心動力來自這樣的生命轉折。能源合作社幫助退休者走出孤獨，通過互助協力、持續學習專業知識與組織管理，解決了高齡社會的挑戰和綠能轉型的需求。同時，這也為他們和社區帶來經濟收益，所獲資源得以再次投入更多社會創新。

麗蓉總監的這本書，跳脫了「碳焦慮」的侷限，每篇生命故事都讓讀者感受到主角的內在轉折與價值觀改變。他們在尋求夥伴的協力下，編織出屬於他們的幸福永續故事。

這些真實的生命故事，是最具感染力的行銷方式。

我強烈推薦這本書給想要了解ＥＳＧ行銷的企業家，更適合關心社會創新的夢想家和教育者。期待麗蓉總監能很快出版第二本續集。

王瑜君（ＥＳＧ國際公民大學創辦人）

推薦序

大美至善：最接地氣的ESG專書

如果答案是ESG，那麼對企業來說，最該優先解決的問題是什麼？又要如何踏出第一步？

這個問題，是我在拜讀麗蓉總監這本《對人好，對地球好：企業ESG永續行銷實踐指南》新書時，心中反覆升起的提問，很過癮的是，順著本書編排的閱讀動線，從觀念篇、實踐案例到操作實務，讀著讀著，所有問題的答案竟然也都一一浮現。

認識麗蓉，是在我主持的大店長Podcast陪跑計畫，她領著美門的夥伴一起前來學習，藉由這個計畫，麗蓉總監也從二〇二二年起開啟了她製作並主持《總監叮咚》Podcast頻道的自媒體之路，每每聆聽《總監叮咚》節目，不管是聊品牌行銷、ESG案例對談，或分享對於各種生活體驗的洞察，我總是感受到聲音背後麗蓉對人熱情、對事認真，特別對於ESG永續充滿有如傳教士般的強大內在信念，在本書第二部〈風景與故事：ESG旅程中動人實踐案例〉所收錄的案例，便是出自於該節目的精采對談。

特別值得一提的是，談起ESG、SDGs等近年熱門永續關鍵字，許多人總存在某些刻板印象或誤解，像是認為它恐是一時舶來流行語，或要和做外銷的上市櫃大公司才產生關係，在麗蓉這本新書，她協助大家打破了這樣的迷思，如同她所言，對大小企業也好或之於個人亦然，ESG永續「不是選項，而是一個決定」。尤其難得的是，案例篇選取皆為本土企業個案，從征戰全球的巨大捷安特、人文關懷至上的羅布森樓梯升降椅、躍上國宴餐桌的香草豬，到扶輪社社員的綠色生活實踐，跨越不同規模多元產業，對於正在尋找對標個案的許多台灣企業或品牌來說，可說是一本最接地氣的ESG專書。

最後，再次恭喜麗蓉總監重磅新書問世，協助並陪伴更多企業品牌從大美走向至善之路。

尤子彥（大店長創辦人）

推薦序

閱讀ESG行銷密碼，開創共益新時代

婆羅洲的黑熊身材愈變愈小，爬樹的功力卻愈來愈像猴子。這事不好笑，因為，這是企業和社會逾半世紀濫墾濫伐，造成氣候和環境愈來愈極端惡化的結果。

想善盡心力的企業不少，但路不好走。全球倫理道德的標竿企業——美體小舖（Body Shop）居然遭遇財務危機。這是自期「ESG」的營利或非營利組織，面對當前國內外政府和社會要求履行愈來愈多、愈來愈高的公共責任時，必須正視的挑戰。

實用的書籍總是能靈巧地消化各種廟堂的理論，融合實務的經驗，轉譯成為有趣的故事、發人深醒的案例，再經眾人對話的淬鍊，化為簡明、清晰、系統的實用模式。國際知名的社會心理學者勒溫說：「好的理論是最務實的。」（There is nothing so practical as a good theory）本書是實踐好理論和好解方的典範，值得大家一讀再讀。

成功有好多爸爸，失敗則欠缺母親。攀登高峰，路途不但曲折，還充滿不可預期的風險。佩服本書提到的企業和非營利組織願意公開不足為外人道的酸甜苦辣，並且無私地釋放出各種可行的錦囊妙計。

挑過擔子的人才知擔子重，把它挑好更不容易。麗蓉總監累積她在公益服務和整合行銷二十五年的功力，務實、踏實、誠實的作為；創新、革新、積極的精神，建築出一座現代的「ESG大教堂」，讓大家可以身歷其境地經由理論解析、案例研討、心動片語、工坊動腦等理出精準行銷的成功方程式。

面對ESG，聯合利華執行長保羅波曼提出「淨正效益」（Net Positive）的轉型倡議。他並以十年推動淨效益的成功經驗，建議企業要建立「給多於取」

（Giving more than they take）的經營新思維和新作為。天下沒有白吃的午餐，經過磨練的經驗，淬鍊的智慧，才會變成自己和團隊向上提升的智能。本書充滿ESG行銷的經驗和智慧，等待你從閱讀中發現。

「賺令人尊敬的利潤」是ESG共利的定義。而其兼容環境、並顧社會的治理核心是善用別人的手，共同把ESG做出共利的價值和共融的意義。滴水成河，聚砂成塔，讓大家積本書的善緣，一起開創淨正效益的新社會。

黃丙喜（國家公益發展協進會理事長）

推薦語

身為作者之臺南藝術大學EMAA論文指導教授，深知企業管理碩士（MBA）學位最難的挑戰，就是結合理論與實務來解決未來關鍵議題。這本書延伸自其論文主題之中小企業品牌創新策略，進而發展攸關長期競爭優勢的ESG策略。

文馨瑩（青年希望基金會董事長）

《教父》：「花一秒鐘就看透事物本質的人，和花半輩子都看不清事物本質的人，註定是截然不同的命運。」這句話是麗蓉總監能如此突出的最佳寫照。

跟總監認識好幾年了，談論話題從天到地，從路邊攤探討到上市櫃公司，從台灣在地發展布局到地球永續，總能迅速穿透本質化繁為簡，相信總監的觀點也能讓你醍醐灌頂；本書描述永續行銷與企業ESG的精準策略，不只行銷人必讀，也是企業主的新思維指南，值得一讀再讀！

江定鴻（科科生醫總經理）

ESG的發展已經成熟，在從理論到實踐的轉化過程中，仍然存在一個大鴻溝。企業需要將可持續發展的目標與實際的企業邏輯結合起來，使ESG不僅是一種「秀」，也不僅是企業為其額外支付的「稅」，而是一種理性的、可持有的作為。

認識麗蓉數年來，看到她為新創企業所作的策略規畫，無一不是能帶來效率的ESG，希望此書的問世可以影響更多企業家起而行。

林信一（星醫美學創辦人、CEO）

ESG就是：我好，你好，大家都要一起好！

好家庭聯播網不只是電台，更期許成為一個共好平台，我們整合企業的力量，擔任ESG倡議與資源整合角色，共同推動與分享。麗蓉是電台長期的合作夥伴，我們在基督信仰的管家職分下，思考如何讓地球與社會「聲聲」（生生）不息，永遠美麗興盛。

這本書中提到的幾個案例故事，同時也是電台的業主，我們曾參與或推動，讀來十分熟悉，感謝麗蓉將它有系統的彙整出書，相信會是許多想要朝向ESG企業的最佳工具書，引領您推展更具創新永續的實際行動。

高鈺（好家庭聯播網董事長）

麗蓉是我在臺南藝術大學EMAA碩士班的學生，本身也是一位行銷專家，永續已經是企業的共識與既定策略，EPS再高，如果沒有落實ESG，都稱不上是一家優質企業，她以行銷視角與深刻洞察，以實際案例，帶領讀者探索企業實現永續發展的具體之道，值得細讀。

陳怡芬（安富財經科技副董事長、
清華大學科技管理學院行銷策略長／助理教授）

ＥＳＧ指標起初是由聯合國二〇〇四年的《WHO CARES WINS》報告提出，至今已成為企業競爭力關鍵所在。當企業願意以「自我要求」達成永續企業的實踐，可有效將威脅轉換為機會，帶來長期成本節省，有助於提升聲譽與構建良好企業形象。本書作者運用多年在整合行銷實戰經驗研發出ＥＳＧ整合行銷工具——「精準行銷六步驟」，提供企業啟動ＥＳＧ永續治理轉型的驅動力，避免合規危機、提升競爭轉機、追求領先契機。

黃齡儀（社團法人中華綠永續經濟發展協會副理事長、
倍增國際股份有限公司董事長）

當全球各產業都站在「永續」思考，並落實「治理」行動的此時，我很榮幸推薦南藝大EMAA傑出校友麗蓉出版這本《對人好，對地球好：企業ESG永續行銷實踐指南》；永遠帶著自信微笑且積極參與、全力投入各行動的麗蓉，從創業者的視角，務實精準以數個案例，將「永續」的治理精髓與行銷策略陳述其中，我誠摯熱情地向您推薦這本書。

張瑀真（國立臺南藝術大學EMAA〔高階藝術管理碩士學位學程〕主任）

在全球永續浪潮的推動下，台中知識創新扶輪社以具體行動實現ESG理念，將公益服務和永續發展創新結合，探索出生活中實踐永續的多種可能性。一年當中以「十項永續實踐計畫」，將每一項努力轉化為具體的社會與環境改變，為綠色生活樹立典範。推薦各界閱讀本書案例，一起探索如何將永續理念化為具體行動。

楊曜聰（長欣生技股份有限公司董事長、國際扶輪三四六二地區 2024-2025 年度總監）

從感同聲受出發，到聲歷其境打造，邀請所有人聲聲不息創造美好未來。

謝豐嶸 Zong（Podcast 王牌製作人）

目錄
Contents

起點

ESG出發！

在旅程的起點，我們選擇了一條少有人走的路。這條路，是一份承諾，而不是多一個選項。

目錄

Contents

第二站

風景與故事：ESG旅程中動人實踐案例

每一站，都是一個值得探訪的ESG景點，從品牌精神到具體行動，讓每個故事成為行動的激勵。

目錄

Contents

目錄 Contents

起點

ESG出發！

在旅程的起點，我們選擇了一條少有人走的路。
這條路，是一份承諾，而不是多一個選項。

是決定，不是選項

二〇二一年一月一日起，我們公司正式實行週休三日，當時在台灣，這樣做的公司並不多。然而，到了二〇二三年，這個議題在台灣突然成為熱潮，美門整合行銷迅速成為熱搜焦點，成為各大媒體爭相採訪的對象。

其實，週休三日的概念並不新鮮。二〇二二年下半年，非營利組織「4 Day Week Campaign」在英國發起了一項名為「一週四天試驗」的計畫，這是全球迄今最大規模的實驗，吸引了六十一家公司參加。經過六個月的試驗，有五十六家公司決定繼續採用每週四天的工作模式，成功率超過九〇％。

實驗結果顯示，週休三日不僅促進了企業營收增長，還顯著降低了員工離職率與缺勤率，同時有助於提升員工的健康狀況。

永續工作思維是推動變革關鍵

當時媒體採訪我們公司時，最常被問到的問題就是：實施週休三日之後，工時減少了，公司的營業和業績有沒有受到影響？員工的滿意度是否提高了？大家普遍好奇，放假多了，是否反而能讓上班效率更高？這個問題的答案，我想用另一位企業主的提問來回應。

不久前，有位企業老闆也想推行週休三日，但在評估後發現公司業務繁忙，週休二日已經工作不完了，如果改為週休三日，他認為將會是一場大災難，於是他向我徵詢意見。

我的回答是這樣的。我請他設想一下：如果知道星期五要放假，這週只有四個工作日，你會不會重新安排工作的優先順序，把不必要的事情刪除，並加快工作進度？回想小時候，如果知道隔天要跟父母出遊，那天寫作業的效率是不是特別高？其實，員工在面對週休三日的工作模式時，也會自然地去調整工作順序，盡可能在四天內完成必要的工作。由於時間有限，大家會直接刪除不必要的事項，同時探索更高效的工作方式。這些不需要特別教導，員工自然而然就會想辦法搞定，而更多創新的可能性便在這過程中誕生。

因此，「現在工作都做不完，週休三日豈不是更做不完嗎？」對我來說，這並不是問題的核心。

那麼，在什麼情況下才適合推行週休三日呢？什麼樣的條件下可以開始？我的答案是：只要老闆想推動，就可以實行。不論產業嗎？是的，不論產業。

有人可能會問，像開餐廳、旅館或工廠這類不營業就無法產值的行業，該如何實行？其實，這些都是「假議題」。真正的關鍵問題是：你想經營什麼樣的公司？想過什麼樣的生活？

一家餐廳能在週休三日的情況下運營嗎？當然可以，這取決於你想要發展什麼樣的商業模式。不同的模式適應不同的運營理念，只要目標清晰，便能找到週休三日的實施方法。

永續工作模式的挑戰與機遇

週休三日的模式並非只適用於特定產業。無論是餐廳、旅館還是工廠，只要能夠重新設計工作流程，都可以實現這一目標。關鍵在於企業主如何看待自己的商業模式，是否願意跳脫傳統思維，構建更具永續性的經營方式。

以餐廳為例，我們認識的一家餐廳，每週有三天休假時間。廚師們利用週末前往產地採購食材，並準備無菜單料理的醬汁、麵糰發酵等手工作業。他們發現，這樣的安排不僅提升了餐廳的特色，還讓員工享有更充分的休息，確保每道料理的獨特性與高品質，這正是永續經營與創新模式的完美結合。

不能推行週休三日的真正原因，其實在於我們被傳統的工作模式和框架所束縛。許多人認為「工時」等於「產值」，認為只有更多的工作時間才能帶來更多收入。這種思維就像孫悟空頭上的緊箍咒，牢牢禁錮著我們，而這種限制需要被打破。工時和工作的形式不應成為「創新」的阻礙。永續經營的核心要素必須包含創新思維，唯有如此，我們才能打造更靈活、更具永續性的企業模式。

> **落實永續的核心要素，必定包含著創新思維。**

「工作再設計」來自永續的創意思維

「工作再設計」是企業在永續發展框架下的重要策略，其核心在於通過工時彈性化與創新工作模式，提升企業的長期競爭力。週休三日便是這種創新模式的具體實踐之一。英國的實驗結果顯示，週休三日不僅能提高企業營收，還顯著降低員工離職率與缺勤率，並改善員工的身心健康。這表明，減少工時反而可以提升工作效率，幫助員工在工作與生活之間取得更好的平衡。

事實上，長時間工時並未帶來生產力的顯著提升，反而加重了員工的壓力與職業倦怠。因此，企業應重新思考如何實行「工時彈性化」，使員工能在較少的時間內完成更多高效工作。推行週休三日和工時彈性化，不僅能為企業創造更多價值，還能提高員工的滿意度與忠誠度。這是一種將永續思維融入日常經營決策的具體方式，讓企業在實現商業成功的同時，也能達成長期的社會與環境目標。

在「再設計」與「彈性」的實踐過程中，「創意」是關鍵要素。創意促使企業突破傳統框架，以靈活應對變化，並在工作安排中引入更人性化和適應性的解決方案，如週休三日和彈性工時。這不僅提升了生產力，還增進了員工的滿意度，為企業實現永續發展注入了新的動力。

永續是對未來的「價值」選擇

以同樣的邏輯來思考企業的永續行動，我們不僅要關注如何「做」，更要深入理解這些行動背後的「動機」。永續是一種對未來的價值選擇，它代表了企業對更高目標的承諾。成功的行銷策略，不僅能夠塑造競爭力，也能提升企業的形象與知名度。然而，如今的市場表現出明顯的轉變——消費者對企業的關注點已經從單純的行動轉向其背後的動機。他們不僅想知道企業做了什麼，更想了解這些行動是必要的。

> **消費者不只關心我們做了什麼？更重視背後的「動機」：我們為何而做？**

因此，企業在制訂永續行銷策略時，必須從動機出發，讓每一個行動真實地體現其社會責任和對環境的承諾。這不僅僅是為了迎合市場趨勢，而是從根本上去解釋，為何必須採取這些行動。其背後的價值將成為企業與消費者之間最堅實的連結，也是企業持續成長和長久發展的基石。

我們觀察到，如今企業在行銷策略上更著重於「動機」而非僅僅「行動」，這其中隱含的意義與價值對消費者尤為重要。企業不僅需要解釋如何執行，更要明確傳達為何這些行動不可或缺。

永續不是一個選項，而是一項決定，一個面向未來的決定。這決定體現了企業選擇站在更高的價值觀上，引領行業變革，並塑造一個對人類、對地球更有益的未來。當企業能夠清晰地傳達這樣的訊息，它們不僅會獲得市場支持，更會成為推動社會進步的力量。

> **當企業真心思考永續，就是啟動變革的開端。**

第一站

探索ESG的地圖與羅盤

掌握基本概念與行銷工具

品牌不只是賺錢的工具，而是地球的守護者，透過永續行銷傳遞愛與責任，感動人心，共創美好未來！

方向標：ESG與品牌的相遇

ESG驅動品牌力：永續行銷的未來戰略

「永續性是品牌的未來競爭優勢。」

——策略大師 麥克・波特（Michael Porter）

隨著全球對環境、社會和治理（ESG）議題的關注日益增加，企業的財務表現（EPS）已不再是衡量成功的唯一標準。研究顯示，高ESG評級的公司通常擁有更低的資本成本和更高的市場價值，這是因為它們能更有效地管理風險，並吸引投資者和消費者的信任。許多領先企業，如蘋果和特斯拉，已將ESG融入核心戰略，取得顯著的競爭優勢。忽視ESG的企業，不僅形象受損，獲利能力也可能受到影響。在當代企業經營中，缺乏ESG，EPS也將黯然失色；

ESG已成為未來企業營運成功的關鍵。

品牌行銷與ESG（環境、社會和治理）之間的關聯日益加深。隨著消費者愈來愈關注企業的社會責任，將ESG策略融入品牌行銷已成為提升企業形象和創造競爭優勢的關鍵策略。研究顯示，環境友好型產品能吸引具環保意識的消費者，而強調社會責任的企業更容易贏得員工和社區的支持。此外，良好的公司治理則增強了投資者對企業的信任。這些因素相互作用，使ESG成為品牌行銷的核心要素，推動企業在競爭激烈的市場中立於不敗之地。

> **沒有ESG，EPS也將黯然失色。**

ESG就是優質好公司的健康指標

對企業而言，實踐ESG不僅僅是道德責任，更是具備遠見的商業智慧。成功的品牌行銷應當展現企業在ESG方面的承諾，這不僅提升了消費者的忠誠度，還能增強企業的市場競爭力。因此，在重視可持續發展的時代，將ESG融入品牌行銷已成為企業脫穎而出的關鍵。我們不能再把ESG視為企業的「加分題」，而是必須重視的核心命題。

從積極角度看，實踐ESG可以幫助企業提升品牌價值，並贏得消費者的信任和支持。美門將深入探討ESG如何增強品牌價值，並分享成功案例，幫助企業主和品牌主了解如何通過ESG實踐來深化品牌與消費者的連結，從而引發更深、更持久的品牌忠誠效應。

什麼是ESG？

ESG是環境（Environmental）、社會（Social）和公司治理（Governance）三個關鍵領域的縮寫，這三大面向構成了衡量企業在可持續發展方面表現的重要指標。ESG投資方法強調企業在追求財務回報的同時，肩負起環境保護、社會責任和有效治理的營運任務。

二〇二三年一月，台灣立法院通過了《氣候變遷因應法》，將「二〇五〇淨零排放」目標正式立法。隨著全球減碳法案的推進，企業必須應對日益嚴格的環保法規和社會期望，這使ESG成為現代企業營運不可或缺的核心策略。

ESG包含以下三大面向：

- **環境保護**（Environmental）：企業對環境的影響，包括溫室氣體排放、資源消耗和廢棄物管理，衡量企業是否善用資源並減少環境負擔。
- **社會責任**（Social）：企業對員工、供應鏈和社區的責任，涵蓋了勞工權益、社會公益等，關注企業是否真心對待員工、供應鏈夥伴和社區，體現其人道價值。
- **公司治理**（Governance）：企業的管理結構和透明度，包括董事會組成、內部審計和風險管理，評估企業是否公開透明、管理有效率且誠實守信。

對於投資者來說，ESG是衡量企業穩健性的重要標準。一家ESG表現良好的公司不僅能吸引更多的投資，還能減少風險和監管壓力，增強市場競爭力。這些因素使得ESG成為企業經營策略中的重要組成，為實現可長期持續發展提供了指引。

簡而言之，**環境保護**問的是：「這家公司是否愛護地球，並合理使用資源？」**社會責任**考量：「這家公司是否真誠地對待人，照顧員工、供應商和消費者？」而**公司治理**則探討：「這家公司是否公開透明，管理有序且誠實經營？」只有在這三個面向表現出色的公司，才能稱為真正的優質企業，且吸引更多投資者和消費者的信任與支持。

> “**ESG是評鑑一家好公司的三大指標：對人好、對地球好，賺合理且令人尊敬的錢。**”

ESG、CSR、SDGs三者關係

ESG、SDGs和CSR是永續領域中常見但容易混淆的名詞。這三者雖然「不同，卻相互關聯」，各自扮演著促進永續發展的重要角色。

- **ESG（Environmental, Social, Governance）：環境、社會、治理**

ESG是投資和企業管理中的一項標準，強調企業在經營中考慮其對環境、社會和公司治理的影響，推動永續發展。投資人常用ESG指標來評估企業的可持續性和風險管理。

- **SDGs（Sustainable Development Goals）：永續發展目標**

SDGs是聯合國在二〇一五年制訂的十七項全球目標，包含一百六十九項具體細項目標，旨在到二〇三〇年達成全球範圍的永續發展。SDGs不僅適用於企業，也涵蓋了全球政府、非營利組織等各類機構，涉及消除貧窮、氣候行動、性別平權、健康與福祉、教育平等等全球性議題。SDGs可視為ESG的延伸和具體化。

● CSR（Corporate Social Responsibility）：企業社會責任

CSR是企業對社會和環境責任的承擔，強調企業在經營過程中應考慮並保護各方利害關係人，包括員工、顧客、供應商、社區和自然環境。CSR注重企業內部和外部利害關係人的福祉，通過回饋社會展現責任。

比較這三者，CSR是企業主動承擔的社會與利害關係人責任，ESG則是投資人用以評估企業永續性的指標，主要應用於企業管理與投資的評估上。SDGs作為全球永續目標，為政府、企業和社會機構提供了具體的永續框架。ESG可以說是幫助企業實現SDGs的工具，而CSR則是企業實踐社會責任的具體表現，三者共同推動可持續發展。

ESG永續實踐關係圖

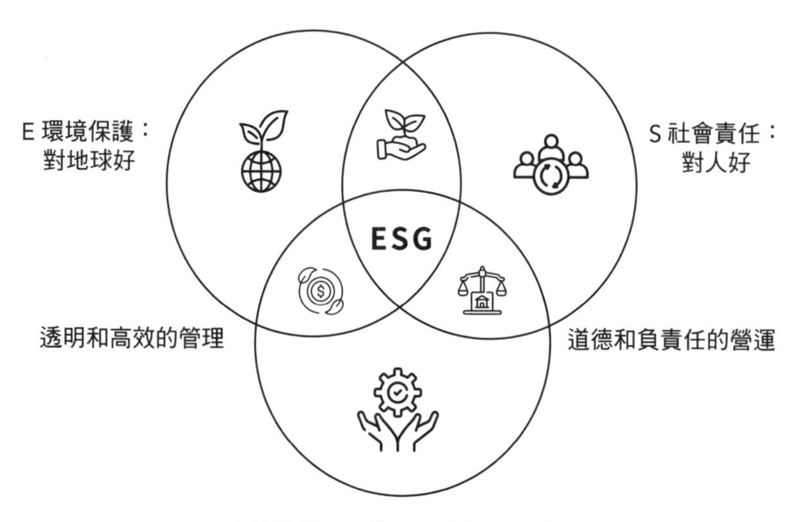
以人為本、友善地球的經營理念
E 環境保護：
對地球好
S 社會責任：
對人好
ESG
透明和高效的管理
道德和負責任的營運
G 高效益的公司治理：賺令人尊敬的錢

> ESG、CSR、SDGs三者是同一個核心概念（對人好、地球好、賺令人尊敬的錢），所延伸的不同面相向：
>
> ESG：投資人用來評估企業永續性的標準
>
> SDGs：以ESG概念為核心，由聯合國提出具體的永續發展執行目標（SDGs）
>
> CSR：企業在經營過程中對利害關係人責任的承擔

永續發展概念框架

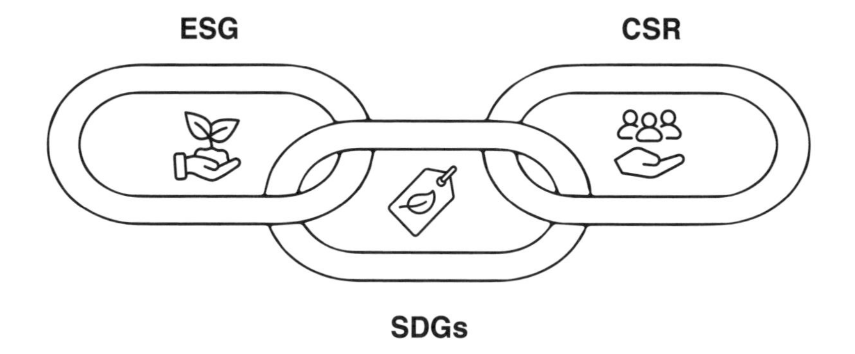

ESG如何提升品牌價值？

實踐ESG能夠為企業帶來以下六大優勢：

1 增強消費者信任與忠誠度

現代消費者，特別是年輕一代，愈來愈關注企業的環境和社會責任。通過實踐ESG，企業可以展現其承諾，從而吸引並保持忠誠的顧客群體，強化品牌認同度。

2 吸引投資

許多投資機構會更青睞符合ESG標準的企業。因此良好的ESG表現能夠提升企業的市場吸引力，增加投資資金的流入。例如，全球資產管理公司貝萊德（BlackRock）已明確表示只投資於符合ESG標準的企業。

3 提高品牌競爭力

ESG能幫助企業在競爭中脫穎而出。良好的ESG管理能改善企業的風險管理和運營效率，強化市場地位。像Apple和Nike等品牌積極推動環保和社會責任，成功樹立了強大的品牌形象。

4 減少企業風險

ESG實踐有助於企業識別和管理風險，包括環境、社會和治理方面的風險，從而避免潛在罰款和法律糾紛，同時提升在危機中的應變能力。

5 推動創新和效率

ESG驅動的策略常常促使企業採用更高效和創新的技術和流程，提高資源利用效率、降低成本，並創造新的市場機會，實現可持續的增長。

ESG提升品牌價值

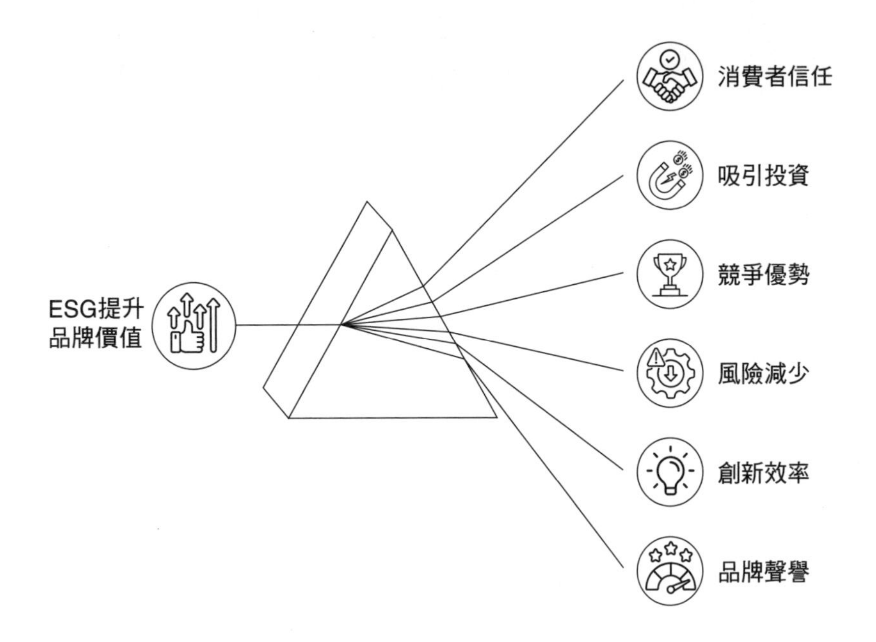

6 提升品牌認知和聲譽

通過公開透明的ESG報告，企業可以展示其在可持續發展方面的成就，增強品牌認知和聲譽，建立良好的企業形象，吸引更廣泛的社會支持和認可。

這些優勢讓ESG成為現代企業成功的關鍵，不僅在市場中帶來增值，也為企業的長期穩健發展奠定基石。

ESG不再是企業的「加分題」，而是「根本命題」

隨著全球對環境和社會責任意識的提升，企業若能在ESG方面表現優異，將能獲得更多投資者和消費者的信任。根據研究顯示，高ESG評級的公司通常擁有更低的資本成本和更高的市場價值，這不僅有助於風險管理，還增強了市場競爭力。

許多領先企業已將ESG融入其核心戰略，取得顯著的競爭優勢。忽視ESG的企業，不僅形象受損，獲利能力也可能受到影響。因此，ESG不再是企業的「加分題」，而是「根本命題」。成功的品牌行銷應強調企業在ESG方面的努力，這不僅能提升消費者忠誠度，還能增強市場競爭力，使企業在可持續發展的時代脫穎而出。

> **ESG是企業的根本命題，不是「加分題」。**

羅盤：精準行銷的科學指南

精準行銷六步驟：ESG整合行銷策略工具

「浪費比損失更糟糕。未來的時代，每個自認有能力的人都應時刻關注浪費的問題。節約的範疇是方方面面不受限的。」（Waste is worse than loss. The time is coming when every person who lays claim to ability will keep the question of waste before him constantly. The scope of thrift is limitless.）——湯瑪斯・愛迪生（Thomas Edison）

愛迪生不僅是個發明家，他所提出「浪費比損失更可怕」，正點出了「不浪費」是行銷的核心。愛迪生認為，「浪費」比「損失」更為嚴重，並強調節約是一種無限的價值。他的這句話提醒我們，減少浪費是智慧的表現，也是永續發展的基礎。

美門整合行銷團隊基於超過二十五年的市場經驗，服務過一百多個產業機構、上市櫃企業、中小企業及非營利組織，開發出專為品牌和企業量身打造的「全方面精準行銷六大步驟」。這套工具的設計初衷即是「不浪費」：通過精準行銷來減少不必要的資源投入，用更少的資源達成更佳的成效。這套工具為我們提供了明確的理由和步驟，幫助企業主安心地瞄準再出手，避免資源浪費。

永續小問答

Q 如何能做到不浪費？

A 精準。用更少的資源達到更好的效益。

在二〇二二年，美門正式啟動了永續轉型，這套行銷工具也隨之升級，將ESG（環境、社會、公司治理）理念融入行銷的策略。這不僅僅是行銷策略的強化版，更是一種全新的永續行銷方式，旨在提升品牌的社會責任感以及市場競爭力。

升級後的六步驟經過全面優化，每個步驟都確保品牌在推廣過程中兼顧環境保護、社會影響力和長期穩定性，創造雙贏的局面。通過這六步驟，企業能夠在市場中打造出更具深度和廣度的影響力，同時塑造一個具有永續形象和信譽的品牌，滿足當今消費者對ESG的期待。

接下來的內容將詳細介紹這套「全方面精準行銷六大步驟」，幫助企業在行銷的每一階段實現社會責任和永續發展，為品牌建立深遠的影響力，並奠定未來穩固的永續成長基礎。

第一步：找到行銷槓桿支點

「北極星永遠指向北方，迷途之人總是因它而找到方向。」

——軼名

● 行銷槓桿支點＝品牌獨特亮點×ESG永續價值

品牌會迷路嗎？答案是肯定的，而且經常發生。

為什麼會迷路呢？當品牌缺乏清晰的方向目標、行進過程沒有地圖，也沒有參考座標或指引，就如同航行於茫茫大海中，難以找到回家的路，甚至可能誤入歧途、遭遇意外。

同樣的情況在品牌行銷過程中也屢見不鮮。市場策略分析中的品牌價值和定位，不僅僅是產品或品牌的亮點展示，更需要深度融入ESG理念，以回應當今消費者對企業社會責任的期望。行銷不再是簡單的資金投入，而是在品牌核心價值中注入ESG精神，讓品牌真正找到符合這個世代的市場需求。通過明確的「行銷槓桿支點」，品牌不僅能在表面上吸引消費者，更能贏得他們對環境保護、社會責任和治理理念的認同與支持。

這些行銷支點就像品牌的北極星，每個品牌都應該找到屬於自己的那顆「閃亮的星星」，象徵著品牌對環境、社會和治理的承諾和願景。無論何時何地，品牌在各個發展階段都應緊隨這顆北極星，讓它指引方向，這是行銷的關鍵，也是一個品牌能夠持續發展的基石。

在這一階段，工作範疇包括資料蒐集、訪談和市場探索。透過資料分析，我們可以找出品牌的核心價值和產品特性，進而推導出「人無我有、人有我優」的差異化優勢。這些優勢不僅幫助品牌在未來強化消費者的記憶和認同，促進購買行為和主動推廣，也為品牌和消費者之間的深層連結奠定了基礎。

品牌核心價值是品牌獨特的價值觀體現，通常反映品牌與客戶、員工、合作夥伴及社會之間的密切關係。這是品牌的精髓所在，體現了品牌對消費者的深層意義和獨特價值，是品牌影響力的重要標誌。有了核心價值，品牌才能真正稱之為「品牌」，這是品牌所有資產的根源，驅動消費者認同、喜愛乃至熱愛品牌的主要動力。

品牌核心價值是在品牌與消費者互動中形成的。在行銷業界，我們常說產品誕生於工廠，而品牌價值卻深植於消費者心中。然而，在被消費者認可之前，品牌價值必須首先得到企業內部的認可，並通過市場檢驗與認可，方能真正生根發芽。

行銷小問答

Q 什麼是品牌北極星？

A 指引品牌正確方向的核心價值。

● 7-ELEVEN：便利的象徵與永續的承諾

7-ELEVEN賣的已不僅僅是糖果餅乾，而是以「便利」為核心價值的綜合性服務平台。作為顧客生活的一部分，7-ELEVEN提供多元服務，如購物、叫車、購票等，提升了消費者的生活品質。這些服務的推出不僅基於對顧客需求的敏銳洞察，還是結合ESG理念的具體實踐。

目前，7-ELEVEN正推動「地球永續、你我日常」計畫，著眼於保護地球（Environment）、促進社會福祉（Social）及建立幸福企業（Governance）三大目標。他們專注於「減少塑膠、降低碳排放、珍惜食物、永續採購」四大領域，使消費者在全台超過六千八百家7-ELEVEN門市中，以更簡便的方式實踐綠色消費和永續生活。

除了與顧客共同推動永續行動外，7-ELEVEN也在內部強化永續經營。最近，7-ELEVEN與中國信託、國泰世華、三菱日聯銀行及台北富邦銀行簽署了「永續指數連結貸款」（Sustainability Linked Loan, SLL）。依據協議，合作銀行將根據7-ELEVEN的永續績效指標（如入選道瓊永續指數、公司治理評鑑前五%、溫室氣體排放及綠色採購等）調整貸款利率，當公司達到預定永續表現標準時，銀行將主動降低貸款利率。這種實質優惠不僅鼓勵統一超商持續推進綠色經營，也進一步彰顯了其在ESG領域的實力。

7-ELEVEN希望通過這些行動，引導更多人認識綠色消費的重要性，共同為保護地球和創造美好社會而努力。他們希望每位消費者在日常生活中，從小事做起，為環境出一份力。通過這些努力，7-ELEVEN成功地將便利性與社會責任結合，創造出一個既符合顧客需求，又推動可持續發展的商業模式，邁出了促進永續發展的重要一步。

● 星巴克：社會責任的第三空間

星巴克賣的並不僅僅是咖啡，而是創造了一個「第三空間」的獨特概念。在這個空間中，顧客可以在家與辦公室之外享受舒適的環境，進行商務會議、休閒聚會或獨自沉思。這不僅是咖啡和食物的提供，更是一個社交與互動的平台，讓人們在繁忙的生活中找到心靈的寄託。

近期，星巴克進行了一項重大的經營策略調整，進一步凸顯了品牌核心價值（行銷槓桿支點）的重要性。二〇二四年，新任CEO Brian Niccol自Chiplotle加入星巴克，並於九月十日發布公開信，三天內星巴克股價上漲超過八%，顯示市場對他的改革方向表示肯定。Niccol的公開信中特別提到品牌的核心回歸，即星巴克創業的初衷：

「今天，我做出一個承諾：我們將回到星巴克。我們正在重新關注星巴克一直以來的與眾不同之處——一個人們聚集的溫馨咖啡館，我們提供由熟練的咖啡師手工製作的最好的咖啡。這是我們持久的身分。我們將從這裡開始創新。」

延續這一核心價值，星巴克在ESG實踐中致力於公平貿易咖啡的承諾，確保咖啡來源符合品質標準，同時支持咖啡農的公平待遇。這不僅保障了生產者的利益，也推動了全球農業的永續發展。此外，星巴克積極參與社區公益活動，自一九九九年起與台灣世界展望會合作推動「原住星希望」，二十六年來持續支持台中和平、南投信義、仁愛、水里、埔里等地的原鄉兒童及青少年。星巴克通過教育助學金、學生中心、青少年職涯發展、課後照顧、才藝學習及文化知能培養等服務，助力這些孩子們追求夢想。

透過這些努力，星巴克不僅贏得了消費者的忠誠與認同，還展現了商業活動如何與社會公益相結合，形成一個具意義的良性循環。

第二步：說對故事的力量

「智人之所以得以統治地球，是因為智人是唯一可以大規模且靈活合作的物種……而讓人類擁有這種合作能力的，是我們創造和相信虛構事物的能力，例如神話、宗教、國家、貨幣和法律等。」

——尤瓦爾・哈拉瑞（Yuval Noah Harari）

《人類大歷史：從野獸到扮演上帝》

品牌故事：傳遞永續價值的力量

品牌行銷最重要的溝通素材是什麼？答案是「一個動人的品牌故事」。品牌的認同、好感和記憶度提升往往是品牌故事、品牌沿革、品牌精神和人物報導等內容的積累結果。這些元素與產品的標語（Slogan）和商品文案結合，被認為是最有效的行銷工具之一。根據美門團隊超過二十五年的品牌行銷經驗，品牌命名、品牌故事以及視覺形象設計是成功行銷溝通的三大基石。

故事具有驅動認知的力量，人類在擴大影響力時依賴於故事。以色列歷史學者哈拉瑞指出，說故事的能力讓人類得以主宰地球：「智人之所以得以統治地球，是因為智人是唯一能夠『大規模』且『靈活』合作的物種。」而這種合作能力來自於智人創造和相信虛構事物和故事的能力。

在找到明確的「行銷槓桿支點」後，接下來的關鍵是用一段好故事來助力精準行銷。「說故事」是直抵人心最有效的方式。品牌故事、品牌沿革、品牌精神、標語及商品文案的策畫都可以提升品牌的認同度、好感度和記憶度，大幅節省行銷成本。在當今的流量時代，不論故事類型是溫馨、感人、幽默或充滿趣味，動人的故事都能激發粉絲分享的欲望，讓他們將這個故事傳遞給身邊的朋友，甚至在網路上廣泛轉發。這種深刻的情感連結正是社群行銷的核心。

行銷小問答

Q 社群上粉絲最能激發粉絲轉分享的動力是什麼？

A 關於品牌真實的動人故事。

品牌的打造過程如同建立一種信仰，而信仰需要有獨特的價值，品牌故事就像經典的傳承。透過基於「事實」但帶有情感渲染的品牌「傳說」，動人的品牌故事可以包括：品牌的緣起、獨特的人事物發展歷程、克服困難的英雄之旅、品牌的優勢和重要信念、傳遞的獨特訊息，以及最終的成功和未來的願景。在品牌發展的過程中，這段故事需要被不斷重複和強調，讓品牌價值深深植入人心。

● **路易威登（LOUIS VUITTON）的行李箱傳奇**

一九一二年四月十五日，鐵達尼號這艘號稱永不沉沒的豪華客輪在出航十五天後，於寒冷的北大西洋上撞擊冰山沉沒。二千二百二十四名登船人員中有一千五百一十四人罹難，成為近代所有非戰時船難最嚴重者。然而七十三年後，當人們進入鐵達尼海底殘骸，卻發現有一個旅行箱，頑強抵抗來自時間及海水的侵蝕，竟然滴水未入箱內。此後，這則成為世人津津樂道、傳頌不已的經典品牌故事，也造就品牌在消費者心目中的旅行箱王者地位。品牌故事也是最歷久彌新，最簡單傳播，卻也最容易令人印象深刻的品牌行銷利器。

● **巴塔哥尼亞（Patagonia）成為全球環保運動象徵**

巴塔哥尼亞（Patagonia）不僅是一個戶外運動品牌，更是永續產業中的先驅。創辦人喬伊納德（Yvon Chouinard）的環保行動使得品牌與眾不同，成為具備強烈社會責任感的企業典範。喬伊納德從少年時期的攀岩經歷中逐步意識到戶外裝備對環境的影響，並開始設計可回收的岩釘以減少對岩壁的傷害。一九七三年，他成立了巴塔哥尼亞，承諾只生產對環境影響最小的戶外產品，這一承諾成為品牌的基石。

隨著全球環保意識的增強，巴塔哥尼亞率先推出了一系列強有力的永續行動。例如，一九八五年推出「1% for the Planet」計畫，將一%的銷售收入捐給環保組織，帶動其他企業仿效。二〇一一年，品牌發布「不要買這件外套」（Don't Buy This Jacket）廣告，挑戰傳統的過度消費模式，引導消費者反思消費行為，並在快時尚盛行的時代掀起反思風潮，強調「永續才是最流行時尚」。同年，巴塔哥尼亞推出「Worn Wear」計畫，鼓勵顧客回收和修復舊衣物，延長產品使用壽命，進一步減少浪費。

最具革命性的一步是在二〇二二年，喬伊納德宣布將公司股權捐給環保信託機構，將所有未來的利潤用於應對氣候變遷，這一舉動體現了他對地球的長期承諾，展示了企業在永續發展中能發揮的巨大作用。

巴塔哥尼亞如今已超越品牌本身，成為一種全球性的環保運動的象徵，代表著消費者對環境保護的共同承諾。品牌的故事從喬伊納德個人的信仰開始，發展成一場全球性的環保永續運動，改變了人們對時尚、消費和地球的認識。

永續小問答

Q 為什麼說故事是品牌最好的永續價值傳達方式？

A 因為透過故事可以清楚得記住「你」，並且建立起和消費者之間的信任關係。

說故事的重點不僅在於內容本身，更在於通過精心的敘事，引導受眾專注於品牌傳遞的價值，讓他們記住品牌並建立深刻的信任關係。好的故事能將品牌的永續理念清晰地傳達給消費者，讓他們了解品牌對世界的期許。當這樣的故事引發受眾對自我價值的認同時，品牌在他們心中便產生了深刻的正面印象，進而激勵他們採取行動，為品牌帶來更多價值的回饋。

第三步：具行銷力的視覺設計

「設計是一種語言，是我們將價值觀轉化為視覺表達的方式。」

——米爾頓・格拉瑟（Milton Glaser），美國平面設計師，紐約市「I ❤ NY」標誌設計者

● 視覺設計：用美學傳遞ESG理念

卓越的品牌美學是透過精緻設計來展現的，其目的在於影響情感，創造深具情感力的品牌。品牌美學的視覺表達，不僅是藝術美感的展現，更是為了加深消費者與品牌之間的情感連結。

在這一階段，視覺設計的核心在於協助消費者記憶品牌並建立風格認同，同時將品牌的槓桿支點和故事有效地傳達出來。這三個步驟相互呼應，串聯成一體。優秀的設計需要建立在品牌核心價值和故事基礎上，同時，槓桿支點和故事也需要強而有力的視覺設計來與消費者溝通。在當今的網路時代，缺乏視覺素材的品牌就如同在數位世界中「沒有語言與溝通能力」，因此從品牌識別系統（CIS）、風格包裝、攝影、廣告文宣到商標申請，都屬於這一階段的必要工作。

顏色在消費者第一印象中扮演關鍵角色。根據色彩行銷研究指出，產品在進入消費者視線的瞬間便能留下印象，通常只需〇・六七秒。「七秒鐘色彩理論」表明，消費者在選擇商品時多數只需七秒即能決定是否有興趣，其中「顏色」對大腦的影響高達六七％，成為人們判斷商品好感度的重要因素。

顏色的選擇與消費者的心理感受息息相關，不同的顏色能激發不同的情緒。研究顯示，消費者對人、環境或產品的潛意識判斷中，有六二％來自於色彩。一般來說，紅色、橙色和黃色等暖色系充滿活力，令人振奮，而藍色和綠色等冷色系則更顯沉穩內斂。因此，在品牌建立中，色彩在情感層面上會深深影響消費者，進而影響產品銷售。

行銷小問答

Q 為什麼顏色對於品牌行銷策略非常重要？

A 因為消費者六二％感受都來自於色彩。

● Google對「藍色陰影」的執著讓獲利大增

細微的顏色差異也能帶來驚人的收益差異。根據國際流行色協會的調查，僅通過改變顏色而不增加成本，產品便可能增加一〇％到二五％的附加價值。二〇一三年，Google修改Logo的陰影設計，便創下了高達二億美元的獲利增長案例，凸顯了色彩在品牌設計中的巨大潛力。

Google為了優化廣告效益，曾專門成立調查小組研究「哪種顏色最受用戶歡迎」。他們在Gmail和搜尋引擎上分別發布相同的廣告，結果顯示Gmail的廣告點擊表現更好。深入分析後發現，這是由於兩者廣告標題的「藍色陰影不同」。於是，他們測試了四十一種不同藍色的色調，最終發現略帶紫色調的藍色最容易吸引使用者點擊。當時許多人嘲笑Google對「四十一種藍色陰影」的執著，但二〇一三年Google將此藍色應用於搜索結果標題後，獲利增長了二億美元（約五十七億新台幣），證明了這樣的設計優化帶來了實際成效。

優秀的設計與行銷效果、獲利密切相關，不容忽視。導入ESG思維後，消費者最容易感受到的改變往往是品牌形象的視覺調整。以美門整合行銷為例，在決定推動ESG轉型行動之初，我們便與專業設計團隊討論品牌形象及官網更新的計畫。將品牌LOGO從原有的亮藍色，調整為融入永續綠的藍綠色系，以更溫和、親切的色調傳遞品牌的永續理念，並同步更新官網。許多品牌在進入新階段時，常會更新品牌形象，這不僅是設計的變革，更是對大眾宣告品牌承諾的新起點。

●巴塔哥尼亞（Patagonia）直接傳達環保訊息

巴塔哥尼亞作為環保先驅，不僅持續加強永續行動，也逐步在視覺設計和品牌形象上進行了符合其環保承諾的調整。前期的品牌形象多以經典戶外活動和自然景觀為主，但隨著永續理念的深入，巴塔哥尼亞開始注重以更直接的方式傳達環境保護的訊息。品牌的配色逐漸轉向「自然」風格，例如綠色、棕色和藍色，以象徵大自然和環境保護的承諾。同時，產品標籤和包裝材料均選用回收材質，並在設計中凸顯這一點，體現了其「回收再利用」的永續理念，使得消費者在每次接觸產品時都能感受到其品牌的環保承諾。

巴塔哥尼亞的「Worn Wear」計畫是其視覺傳達的經典範例，該計畫鼓勵消費者回收和修復舊衣物，並設立專屬的標誌和設計，強調「修復比購買更好」的訊息。透過簡約的視覺符號如回收標誌、修補圖示等，巴塔哥尼亞強調品牌對減少浪費的重視，這些設計不僅增強了品牌的環保形象，也在消費者和品牌之間建立了深厚的情感聯繫。

二〇一一年推出的「不要買這件夾克」（Don't Buy This Jacket）廣告更是品牌視覺與品牌精神融合的經典之作。這則廣告大膽地以黑白風格呈現，直接呼籲消費者減少不必要的購買，反對快時尚文化，使廣告本身成為環保行動的象徵。這一舉動在當時引發了巨大反響，吸引了大量關注，並彰顯了巴塔哥尼亞挑戰消費主義、提倡環保的立場。

在ESG和永續行銷策略的驅動下，巴塔哥尼亞已不再僅僅是一個銷售戶外裝備的公司，而是成為環境保護和社會責任的全球性符號。透過視覺設計的升級和品牌行動的推廣，巴塔哥尼亞將ESG永續理念貫穿於品牌經營的每一個層面，成功塑造了一個具有強大社會影響力和情感聯繫的全球品牌。

永續小問答

Q 如何讓消費者更容易記住品牌的永續行動？

A 為品牌的永續行動設計專屬的標誌，建立新的視覺語言，強化消費者的理解與認同。

第四步：精選最適合的攻擊武器

「策略是一種選擇，選擇去清楚地理解你的目標並選擇適合的工具。」

——策略大師 麥克・波特（Michael Porter）

● 選擇精準行銷工具：與ESG價值匹配的傳播管道

在ESG行銷中，選擇合適的行銷工具尤為重要，這些工具不僅要達到市場目標，還需與品牌的永續價值觀一致。隨著前面三個步驟的全面整合，此階段的首要任務是：清晰定義品牌的首要目標、確定相關目標族群，並根據該族群選擇最有效的曝光工具。當品牌的ESG理念與工具選擇協同運作時，才能最大化品牌影響力，將永續理念傳遞給目標受眾。以下是針對各行銷工具在ESG行銷中的應用說明，並用生活情境比喻來強化對不同通路的認知與特性描述。

●官網（Website）：打造永續形象的核心平台

情境　邀請人到你家作客，深入了解品牌

品牌官網是ESG行銷的核心，透過精心設計的網站，品牌可展示其環保承諾和ESG目標，如減少碳排放、推廣綠色產品等。網站應突出品牌歷史、理念及永續行動，透過SEO優化提升搜尋排名，讓消費者深入探索品牌，增強認同與信任。

●Facebook：促進永續議題的社會參與

情境　像閱讀新聞報，尋找有趣的新資訊

Facebook是推動品牌永續價值的重要平台，適合分享品牌的ESG行動、環保新聞及相關社會議題，吸引消費者參與和互動。例如，品牌可發布減碳行動、回收計畫或企業社會貢獻，並利用廣告工具精準鎖定ESG受眾。

● Instagram：視覺化表現永續理念

情境　像翻閱雜誌，欣賞美圖與短文

Instagram是視覺導向的平台，適合展示品牌在永續發展上的行動，如使用回收材料製作的產品、環保包裝或生態保護行動。透過圖片和簡短文字，讓消費者感受品牌的永續努力。限時動態功能亦可即時更新品牌的ESG行動，吸引年輕世代的支持。

● LINE@：直接溝通品牌永續承諾

情境　像私人電話，直接回答問題

LINE@是進行一對一溝通的有效工具，適合加強品牌與消費者的連結。品牌可用此平台直接傳遞永續產品資訊或活動內容，消費者也能即時獲取ESG行動細節，提升信任感。例如，品牌可發送回收計畫或綠色商品的優惠資訊，鼓勵可持續的消費行為。

YouTube：傳遞深度環保故事與教育

情境 **像觀看節目，結合娛樂與教育**

YouTube是傳遞品牌ESG理念的絕佳平台，適合以影片形式展示品牌的永續行動，如紀錄工廠減碳過程或產品的環保製造。透過視覺與故事的結合，品牌建立情感連結，激發消費者的行動力，進一步推動永續生活。

Google：加強永續內容的搜尋曝光

情境 **如進入圖書館，查找資料**

Google是消費者查詢品牌永續資訊的重要平台，SEO在ESG行銷中尤為關鍵。品牌應確保官網及部落格內容在Google搜尋結果中脫穎而出，吸引對永續議題有興趣的消費者，建立品牌在ESG領域的權威形象，提高公信力。

不同的行銷工具如同「攻擊武器」，需根據品牌的目標族群和受眾特質精確選擇，才能達到真正的精準行銷效果，創造更高效的整合行銷效益。選擇適合的工具組合，品牌能夠傳遞出清晰的ESG訊息，強化形象，並促進消費者參與，而不僅僅是跟隨市場潮流。精準的行銷策略模組讓品牌在競爭中脫穎而出，實現差異化行銷，拉大與競爭者的距離。

行銷小問答

Q 為什麼其他品牌成功的工具與策略不能直接套用？

A 因為行銷槓桿支點不同，無法達到精準行銷的結果。

ESG行銷工具整合循環

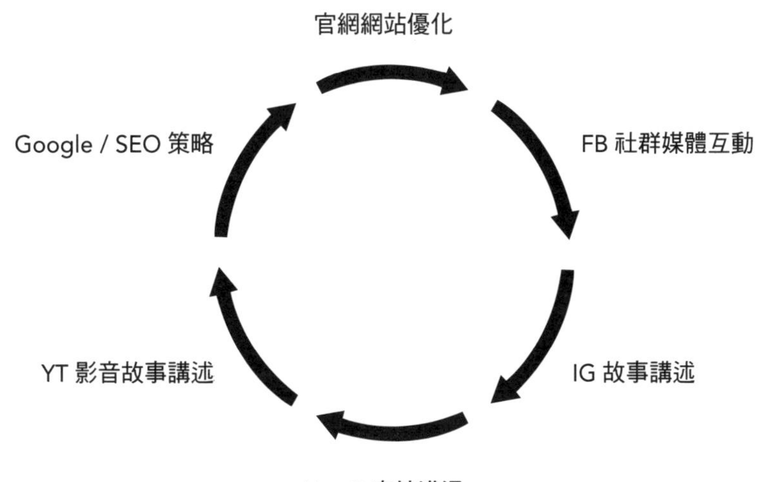

第五步：啟動精準射擊

「不要只是投資更多，應該投資得更聰明。」

——華倫・巴菲特（Warren Buffett）

智慧投放，減少浪費，推動永續品牌成長

在ESG行銷的視角下，廣告資源應被視為有限資源，需像其他營運資源一樣謹慎管理。傳統行銷往往只重視廣告預算的配置與投放效率，卻忽視了廣告對環境與社會的長期影響。隨著ESG概念的興起，行銷策略不僅僅是增加曝光和銷售，更在於如何以最少的資源達到最大效益，並促進品牌的永續發展。智慧投放廣告不僅提升行銷效率，還能減少資源浪費，這正是推動永續品牌成長的重要挑戰。

行銷小問答

Q 最精準的廣告投放策略是什麼？

A 避免浪費，智慧選擇。

過去，企業經常在Facebook或Google等大型平台上投入大量廣告預算，卻未必能有效觸及目標受眾。從ESG的角度來看，這種策略可能導致資金浪費和環境負擔，例如數位廣告伺服器的高能耗。智慧廣告投放應關注效率，以更少資源達成最佳效果。品牌應根據消費者的興趣與行為模式進行精準鎖定，避免過度投放無效廣告，並透過優化每次點擊和展示的成本，實現環保節能目標。

永續小問答

Q 行銷廣告的永續原則最重要的是什麼？

A 行銷廣告也是一種有限的資源，必須被有效管理。

全網廣告概念強調在多平台、多渠道上達成廣泛而精準的曝光，而不侷限於單一平台。企業應根據自身ESG策略，選擇最能傳遞永續價值的曝光管道，將廣告預算視為推動永續發展的資本。這包括減少紙本廣告、轉向低碳排放的數位廣告，並選擇支持環保的廣告供應商。企業還可以衡量廣告活動的ESG影響，如能源消耗與碳排放，進一步優化投放策略。

廣告投放不僅是資源的有效配置，還需要通過數據來精準衡量效果。企業應使用數據分析工具追蹤每筆廣告預算的回報率，並分析廣告對ESG目標的實現貢獻。將ESG概念納入行銷策略，不應僅是短期行動，而是成為企業長期發展的核心戰略。企業應建立永續行銷文化，從內部資源分配到外部合作夥伴的選擇，都應圍繞ESG價值進行，逐步形成一條上到下的綠色夥伴供應鏈，推動品牌的長期成長與市場影響力。

在具體執行中，不論是Google、Facebook或Instagram的廣告投放，企業都應在投放前明確目標，並製作符合該媒體屬性的素材，制訂廣告投放計畫。投放後需隨時觀察、調整，確保達到精準行銷的效果。此外，線下的實體活動同樣不可忽視，因其能提供與消費者最直接的互動機會。線上與線下活動的策略與企畫需在事前充分準備，這樣才能有效建立品牌信任感與價值認同。

目前常見的整合性數位行銷方式包括以下幾種：

●電子郵件行銷：結合ESG價值的直接溝通工具

電子郵件行銷作為直接且低成本的溝通方式，不僅能推廣品牌、公司及產品的最新動態，更是推廣企業ESG承諾的重要平台。品牌可以利用電子郵件傳遞在環境、社會責任及治理（ESG）方面的最新進展，讓客戶了解企業如何履行永續承諾，增強他們對品牌的認同。

例如，品牌可以透過電子報定期分享綠色產品更新、宣傳企業的環保行動，或展示支持社會公益的具體措施，進一步提高品牌曝光度的同時，增強消費者的信任感。這種方式有助於在目標族群中建立更深層的情感聯繫，促使他們與品牌的永續理念產生共鳴，甚至參與進永續行動中。

●數位廣告與再行銷：智慧投放，減少資源浪費

在數位廣告與再行銷策略中導入ESG永續思維，不僅能提升行銷效率，還能加強品牌的影響力。透過Google Ads、Facebook Ads等平台進行精準的廣告投放，品牌可以針對曾訪問過網站的潛在客戶進行再行銷，專注於吸引對永續發展關心的消費群體。同時，精準的廣告投放策略減少了不必要的資源浪費，也降低了伺服器能源消耗，從而在行銷過程中實踐環保理念。

此類行銷手法不僅能有效觸及對ESG感興趣的受眾，還能增強目標客戶的品牌認同，促使他們轉化為長期忠實客戶。此外，品牌也可以利用數位廣告平台專門推廣符合ESG標準的產品或服務，以吸引重視永續理念的消費者，讓行銷活動不僅僅是推廣產品，更是品牌永續價值的實踐。

● 社群媒體行銷：推廣ESG理念的互動平台

透過Facebook、Instagram、LinkedIn等社群平台，品牌可以有效地強化其ESG永續行動的公開透明性，這些平台提供了與消費者直接互動的寶貴機會。品牌可藉此分享其在環境保護、社會影響力及公司治理方面的進展，主動回應消費者對永續行動的關注，並提供即時的交流。

這種直接互動不僅有助於快速提升品牌知名度，還能強化消費者對品牌在社會責任方面的認同感。透過展示企業的ESG努力，品牌可以建立與消費者之間的深層連結，逐步培養忠實客戶群體，讓品牌的ESG價值成為目標受眾心中的共鳴點。

● 內容行銷：強化品牌專業形象與永續承諾

內容行銷是企業傳遞專業知識和永續理念的有效工具。通過部落格文章、白皮書、懶人包和影片等內容，品牌可以向潛在客戶傳遞有價值的信息，展示其對環境和社會責任的承諾。同時，這些內容不僅提升了品牌的專業形象，還有助於SEO優化，使品牌在永續相關議題的搜尋結果中獲得更高排名與可見性。

例如，品牌可以撰寫有關如何減少碳排放、推動公平貿易或提高能源效率的文章，進一步說明品牌如何實踐ESG承諾，讓消費者清晰了解企業對可持續發展的具體行動。

● 短影音行銷：視覺化的ESG宣傳方式

隨著短影音行銷的崛起，品牌可以利用十五秒到三分鐘的影片迅速傳達其ESG承諾與永續行動。智慧手機的普及讓影片拍攝和剪輯變得更加便捷，任何人都能輕鬆創作出具影響力的短影音內容。品牌可以通過這種方式生動展示其在環境保護或社會影響力方面的具體行動，強化永續形象。

例如，品牌可以拍攝紀錄品牌參與的環保活動、產品的綠色製造過程或社會公益項目，讓消費者直觀地感受到品牌的永續承諾。這種即時、動態的內容形

ESG行銷工具策略圖

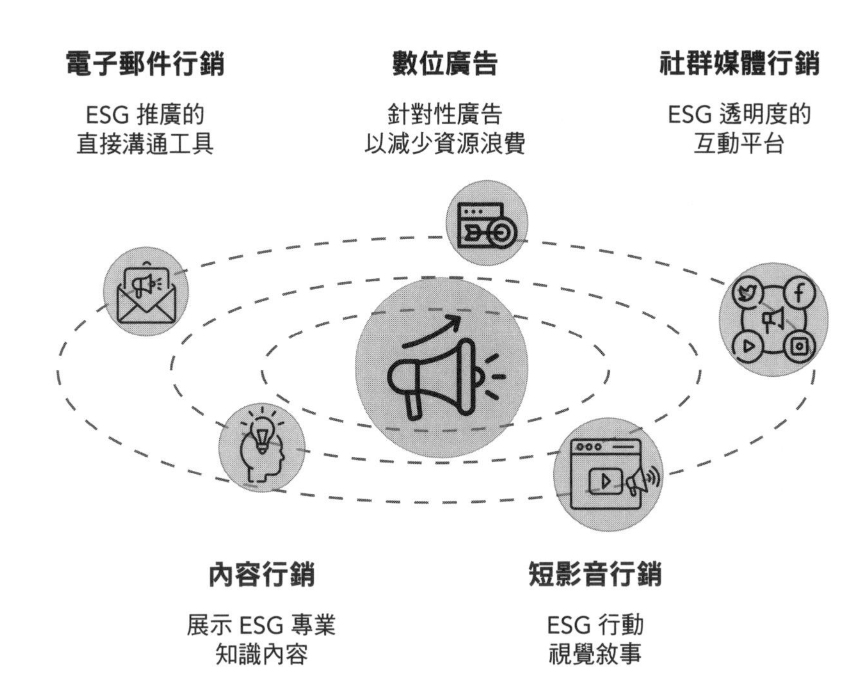
電子郵件行銷
ESG 推廣的
直接溝通工具
數位廣告
針對性廣告
以減少資源浪費
社群媒體行銷
ESG 透明度的
互動平台
內容行銷
展示 ESG 專業
知識內容
短影音行銷
ESG 行動
視覺敘事

式，能快速將品牌與永續發展聯繫在一起，增強消費者的認同感。這類短影音不僅提高了品牌在ESG議題上的知名度，還能有效吸引關注永續理念的消費者，進一步擴大品牌在市場中的影響力。

第六步：業務成交

「成交不是終點，而是承諾的起點。」

——西門・塞納克（Simon Sinek），《先問為什麼》（Start With Why）暢銷書作者，提出知名「黃金圈理論」

● 永續推進，成交是品牌承諾的實踐

在品牌行銷的旅程中，達成業務成交是最終的檢驗。無論前期投入了多少努力，如果無法成功達成銷售，所有的行銷活動都可能化為徒勞。這就像一支棒球

隊，擁有出色的投手卻缺乏能夠得分的打擊者，最終仍無法獲得勝利。因此，品牌需要從線上內容的積累到引導客戶至官網、再到線下活動，甚至商業活動的銜接，都需要精心策畫和快速試錯，秉持「快快做、快快錯、快快改」的策略來確保行銷成效。

在推動永續品牌成長的過程中，業務成交不僅是推銷產品，更是將品牌的ESG理念融入每一筆交易中。以下是幾個常見的成交工具及如何將ESG價值觀融入其中：

1 顧客關係管理系統（CRM）

CRM系統能追蹤和管理與潛在客戶及現有客戶的互動，尤其在融入ESG理念上更具意義。通過分析客戶的偏好，企業可以針對性地推薦符合其環保意識的產品，回應客戶對永續發展的需求。個性化服務不僅提升成交機會，還增強客戶對品牌社會責任的信任感。

2 銷售提案與簡報

在銷售提案中，強調品牌在ESG方面的努力和成就，能有效提升成交機會。透過訂製化的銷售方案，包括產品資訊、案例研究和價格策略，直接針對客戶需求，展示品牌的社會價值和差異化優勢。具體案例展示品牌如何實踐ESG目標，如減少碳排放或推動社會責任，讓客戶看到品牌的獨特價值。這種個性化提案既增強信任感，又提高了成交的可能性。

3 專屬優惠促銷與折扣

當提供專屬優惠時，企業可以結合ESG理念。例如，針對選擇環保產品的客戶提供折扣或獎勵，鼓勵消費者選擇符合永續目標的產品。這種促銷策略不僅能提升短期銷量，也能提升品牌的社會形象。

4 免費試用與產品樣本

提供潛在客戶試用產品的機會，能讓他們在無風險的情況下了解產品的永續特性。例如，若產品採用可再生材料或環保技術，試用體驗可以降低購買門檻，增加成交可能性。

5 數據分析工具

利用Google Analytics、HubSpot等數據分析工具，企業能夠深入了解客戶行為及ESG關注程度。通過這些數據，企業可以優化行銷策略，設計出更符合客戶對永續發展需求的產品和服務，進而提升轉化率。

6 線上會議與網路研討會

疫情後，線上會議工具（如Zoom、Teams）的使用頻率大增，讓企業能與潛在客戶直接溝通，展示產品特性並解答疑問，不受地理限制，大幅提升便利性和效率。這種個性化的銷售溝通方式，能顯著提高銷售效率，同時傳達企業在

成交策略中融入ESG行銷工具

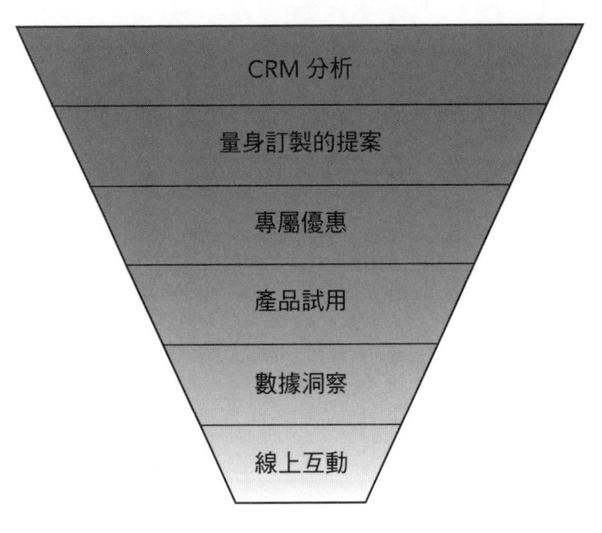

ＥＳＧ方面的承諾，解答客戶對產品和品牌的疑問，增強客戶的信任感。通過這樣的互動，企業不僅促進了銷售，也強化了品牌的ＥＳＧ形象，達成永續發展的雙贏局面。

精準整合行銷是個完整木桶，推動品牌的ＥＳＧ承諾

整合行銷是一套縝密的執行體系，單一環節無法完成。成功的關鍵在於每一階段的溝通訊息保持一致，並結合品牌的行銷策略、推廣工具與ＥＳＧ理念，形成完整且精準的執行計畫。為達到精準且高效的行銷，企業應全面考量這六大策略，才能最大化整合行銷效益，推動永續發展目標的實現。

行銷策略的終極目標是達成成交。如果宣傳行銷無法轉化為具體的銷售成果，所有努力都將付諸東流。因此，我們需要在行銷策略中融入ＥＳＧ的考量，不僅關注線上和線下的成交，還需預見成交過程中的常見問題與反對意見，並提

全方位精準行銷六步驟

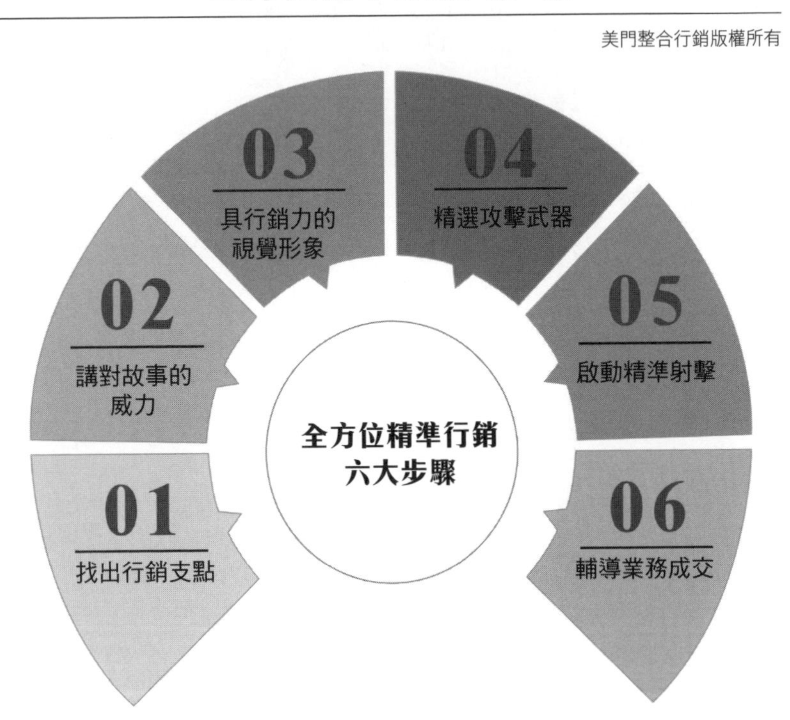
03
具行銷力的
視覺形象
04
精選攻擊武器
02
講對故事的
威力
05
啟動精準射擊
全方位精準行銷
六大步驟
01
找出行銷支點
06
輔導業務成交

供解決方案，確保品牌價值觀在每一環節都能充分展現，達成真正的行銷成效。

在美門的二十五年經驗中，我們將行銷精簡為六個步驟，因為我們發現許多品牌在組建行銷團隊時，分工過於細碎，比如找設計公司做設計、找網站開發商架設官網，再找廣告公司投放，結果各環節難以串接，導致資源浪費。我們稱這種現象為「拼裝行銷」——表面上什麼都有，但缺乏整體性，既浪費了時間也增加了成本。

行銷小問答

Q 拼裝行銷和整合行銷的主要差別在哪裡？

A 前者缺少整體性，徒然浪費成本和時間。

執行整合行銷的六個步驟，就像打造一個木桶，需將六片木板緊密接合。木桶的容量由最短的木板決定，因此行銷需要整體策略的協同配合。精準行銷的六步驟就是這六片木板，通過完整的整合行銷計畫來提升每個環節的效果，才能真正達成「永續發展」的目標，實現品牌在社會責任和商業價值上的雙重承諾。

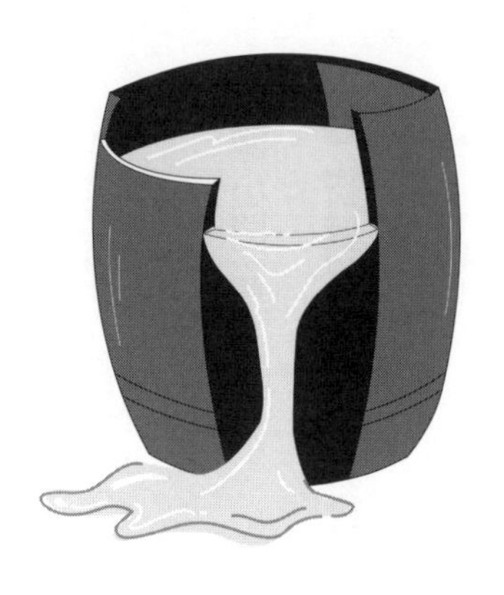

六片的木片組合，透過整合行銷完整配套，有效執行，達到六片一樣高，水才會愈裝愈多。

第二站

風景與故事

ESG 旅程中動人實踐案例

每一站，都是一個值得探訪的ESG景點，從品牌精神到具體行動，讓每個故事成為行動的激勵。

羅布森樓梯升降椅

以永續思維打造品牌文化

每個事業體緊扣品牌精神，每次決策行動涵蓋ESG元素。在這裡，體驗品牌精神如何深植於每一次決策的細節之中。

當提到「羅布森」這個品牌，你腦海中最先浮現的是什麼？是由吳念真導演代言的銀髮族居家安全樓梯升降椅？是全國首場為身障人士設計的「羅布森伴城路跑」？還是經過十年精心耕耘，被譽為台中最美獨立書店的「羅布森書蟲房」？

這些看似獨立的事業，其實都融入了羅布森董事長汪世旭的經營哲學——堆疊出「低碳、友善、關懷」的企業核心價值。每當成立新事業或制訂營運決策時，這些行動都蘊含著品牌的深厚底蘊和ESG精神的支持。

「羅布森」這個名字來自藏語「Lobsang」的音譯，意為「吉祥、平安、喜樂」。汪世旭董事長研發樓梯升降椅的初衷源於屏東一位阿嬤的心聲：「一張進口升降椅的價格，足夠我們鄉下蓋一間房子，實在無法負擔。」因此，羅布森決心聯合工研院自主研發出適合台灣的樓梯升降椅，最終獲得「二〇二二台灣精品獎」及「二〇二三年遠見ESG企業永續獎」等多項殊榮。二十年來，羅布森的產品進入近萬個家庭，並受到各界高度肯定，傳遞著家庭間的愛與關懷，成為最值得信賴的樓梯升降椅品牌。

以社會企業思維經營書店

羅布森企業自二〇〇一年起步，最早以善念為基礎投入污水處理事業，隨後在二〇〇六年設立樓梯升降椅事業部，二〇一三年創建「羅布森書蟲房」，並於二〇一四年成立健康家居事業部，引進歐美頂級的全屋淨水、空氣淨化及地暖系統。從羅布森的發展軌跡可見，這是一家涵蓋營建工程、工業研發、品牌代理和文化藝術等多元領域的企業。

對於羅布森創立書店的決定，許多人感到不解：「生意做得好好的，為什麼要搞一間不一定會賺錢的書店？」原來，這一切與董事長汪世旭的「夢想」密不可分。

汪世旭說：「我覺得一間好的企業，應該要有深厚的文化底蘊！開書店除了圓夢，也是在建構更完善的企業文化，隱藏在背後的動機就是『品牌』這兩個字，所以我們開書店是用社會企業的概念去營運。」

追溯汪世旭的人生軌跡，他對實體書有著近乎迷戀的熱愛。退伍後的第一份工作便是在書店，轉職之際，他在心中許下願望：「有生之年，我一定要開一家書店，規模可以不大，但一定要最具特色！」這份夢想深深烙印在他心中，最終在二〇一三年成真，羅布森書蟲房也因此誕生。

「當初開書店時，我們立下口號：無論賺或賠，要開就開滿十年！」汪世旭回憶道。

羅布森書蟲房最終兌現了當初的承諾，歷經十年間的挑戰，包括全球疫情影響和店址搬遷，總公司始終不斷投入資源支持書店營運。書店也逐步與在地文化深度結合，並與台中市立圖書館合作，開放讀者在書蟲房借閱書籍，然後可到其他市立圖書館歸還，充分展現了ESG中「社會」的層面，將書香傳播至在地社區，並協助偏鄉學童培養閱讀風氣。

然而，天下無不散的宴席，羅布森書蟲房在完成十年使命後，於二〇二三年七月正式熄燈。告別之際，汪世旭依然心繫社會，舉辦了二手書公益義賣活動，最終售出一千一百零九本書，將義賣所得湊足十二萬元，全數捐贈給台中市烏日溪尾國小，用於貧困學童的助學金。

儘管羅布森書蟲房已結束營運，其價值依然延續。汪世旭決心將對閱讀的熱愛與推廣初心轉化為更長遠的貢獻，出資一億元捐建一座圖書館，與台中市政府合作在南屯打造「台中最美的生態地景圖書館」。這座圖書館以關懷土地、永續循環為核心理念，利用水綠森林的設計，讓建築與自然環境完美融合，達到高綠覆率。圖書館內將提供分齡分眾的專屬閱讀空間與服務，厚植台中的藝文底蘊，預計於二〇二六年底完工啟用。

舉辦全國首場低碳環保公益路跑

二〇二三年五月，於《遠見》雜誌第十九屆ESG企業永續獎的頒獎典禮上，汪世旭從時任行政院副院長鄭文燦的手中接過獎盃。當年僅有一九．五%的企業獲獎，在眾多上市上櫃大型企業中，羅布森作為中小企業能夠脫穎而出，實屬難得！

評審團將「中小企業特別獎」頒發給羅布森，主要肯定其舉辦的「羅布森伴城路跑──跑在城市的公益賽事」。或許有人會問，路跑與ESG有何關聯？

汪世旭熱愛跑步，每天清晨四點多便開始晨跑。有一天，他靈機一動：「為何不將路跑、低碳、公益結合在一起？」就此，「羅布森伴城路跑」計畫誕生，並創下多項「第一」！

這場賽事首開先例，提供六百個公益名額，讓身心障礙跑者及陪同者免費參加。賽道特別設計為無障礙，允許「電動輪椅」與「助行車」等輔具上路，並在終點設置電動輪椅充電站和專用流動廁所。此外，當身心障礙跑者抵達終點時，主辦方還會發送簡訊通知家人，讓這場賽事不僅友善，更充滿溫情。

從眾多細節中可見羅布森對身心障礙者的重視，讓他們能勇敢踏出戶外，參加路跑不再是遙不可及的夢想。值得一提的是，汪世旭自己多年前取得了視障陪跑員資格，他還特別在公司總部和工廠分別聘用視障按摩師，每週提供員工按摩紓壓服務，為視障朋友創造更多就業機會。

伴城路跑的另一項創舉，是打造全國首場最低碳排放量的賽事。整場賽事充滿各種減碳元素，例如：全程使用電動車作為交通維安車輛以降低空氣污染；飲食補給全面提供純蔬食；現場發送可折疊環保杯，杜絕一次性餐具垃圾；甚至連獎盃都是由汽車廢棄材料製成。這些設計不僅實現了減碳目標，也彰顯了賽事的環保理念。

羅布森對永續的追求同樣體現在日常營運流程中。二〇二一年，羅布森在建設新工廠時，就規畫了「自發自用綠電」藍圖。對於當時太陽能廠商的建議——「回收期太長，不划算」，汪世旭回應：「重點不在於回收期的長短，而是要讓夥伴和消費者知道，羅布森的工廠製程是百分之百使用綠電！」除了在新廠區設置太陽能板外，公司也將旗下公務車全面更換為油電混合車及一級能耗車。

截至二〇二三年底，羅布森已成功實現綠電自發自用的目標，不僅可為其他企業在能源議題上提供借鏡，也將「低碳生活」融入企業運營的各個面向。例如，員工的制服每件都是由十四個回收寶特瓶製成，百分百可回收，製程中減少了能源損耗和碳排放。這些制服選用了吸濕快乾、高彈性、抗紫外線的再生布料，以提升舒適度。此外，羅布森還積極推動低碳蔬食，二十多年前便開始為員工提供專用便當盒，鼓勵選擇蔬食，並提供餐費補助，減少一次性餐盒的使用。據估算，這一舉措每年可節省約相當於四棟一〇一大樓高的紙盒面積。

連續二十九年企業手札書傳承台灣在地文化

如果說ESG中對外連結包含了環境永續與社會互動，那麼企業的持續經營更需要重視「治理」層面的深耕。許多公司每年會撥出預算製作周邊產品，以贈送給上下游廠商或顧客，藉此維繫品牌形象。然而，羅布森選擇了一條與眾不同的道路。

截至二〇二四年，羅布森已連續出版了二十二本「年度手札書」。每年春季，他們會選擇一個與台灣在地文化有深厚聯繫的主題，近年的主題包括台灣礦業文化、港口文化、眷村文化等。每本手札書兼具「知識性、實用性、文化性、教育性」等元素，歷經整年度的精心製作，於歲末時出版，並分享給羅布森的客戶、協力廠商以及親朋好友，成為品牌與社會之間獨特的文化連結。

連續二十多年堅持製作年度手札書，對許多企業決策者來說，除了決心，預算上的考量也是關鍵。汪世旭坦言：「我就是要做跟別人不一樣的事，這才是品牌的核心！品牌精神不是做短線，而是要有格局和態度。我希望讓大家認識羅布森，讓他們看見我們的用心。」

汪世旭白手起家，並非天之驕子，如同許多創業者一樣，他也經歷過事業的高低起伏。曾有一年，公司面臨虧損，財務人員問他：「今年的手札書還要繼續嗎？」他思考片刻，最終毫不猶豫地決定繼續製作。正是這份堅持讓人們認識到，經營企業也可以如此無懼，走出一條與眾不同的道路。汪世旭的用心不僅為羅布森擦亮了專屬招牌，更凸顯出這個企業以文化為本的品牌力量。（文字整理：陳薪智）

總監叮咚

羅布森案例的延伸思考

- 能否用幾個關鍵字或一段話，完整描出您的企業核心價值是什麼？
- 請說明您的公司或是品牌，為何想要推動ESG？
- 回顧一下企業的核心價值，是否與ESG理念整合，並且落實於每一次的經營決策？
- 當面臨經營挑戰之際，您覺得繼續投入ESG是必要的決策之一嗎？是不得不行或必須堅持？請思考這兩個層次背後的原因？

台灣「香草豬」

啟動食代革命，躍上國宴餐桌

買一座山種香草，實現無添加的ESG夢想之路，走進這片香草山，見證從土地到餐桌的食代革命之路。

二〇二四年五月二十日是台灣第十六任總統、副總統的就職典禮，並按照慣例設置國宴，款待來自國內外的貴賓。本次國宴精選八道佳餚，其中一道名為「老菜彌新」的料理備受關注。這道菜以台灣在地頂級肉品品牌「香草豬」為主食材，選用帶骨肋排，搭配梅子和青芒果，展現出傳統粵菜風味與現代創新料理手法的融合。不僅象徵台灣多元族群的風貌，更讓賓客們享受到台灣豬肉的獨特美味。「香草豬」因此又多了一個新稱號——「國宴香草豬」。

回顧過去，台灣畜牧業，特別是養豬業，曾經歷一段艱難時期。一九九七年，台灣爆發豬隻口蹄疫，農委會在召開記者會當日，豬價從每百公斤四千元直接腰斬至二千元，更嚴重的是，台灣豬肉的外銷市場在一夜之間消失殆盡，導致整體經濟損失高達新台幣一千七百億。經過多年努力，台灣終於在二〇二四年八月宣告已連續一年無口蹄疫案例，並有望向世界動物衛生組織（WOAH）申請成為豬瘟非疫區。

起源無心插柳的美好意外

「有些美好的事物，源自無心插柳，最終成為一片森林；有些則需投入巨大資源和努力，卻不一定能成功。」這句話恰好說明了「香草豬」品牌的誕生，也是金農興生技公司創立的真實寫照。香草豬總經理廖秀英回憶起品牌的起源，竟與畜牧業毫無關聯——故事始於一位中醫師。

香草豬創辦人廖家模原本是一位專注於提升免疫力、延緩老化以及肝臟治療的中醫師，長期從事中草藥產品及技術的研究。他是雲林這個農業大縣的在地人，擁有許多養豬業的朋友。有一次閒聊中，一位豬農提到豬隻健康不佳，向廖家模詢問是否有治療方法。過去，他的中草藥配方從未用於動物，然而這次機緣巧合，促使他決定發揮中草藥研發專長，為豬隻開發出「免疫一號」。

經過一系列測試，他發現用中草藥飼養豬隻後，健康狀況顯著改善。隨後，他與台灣大學、嘉義大學等學校合作進行科學研究，以證實他們研發的生技飼料「賀博士香草精」可以取代抗生素，成為健康飼養的創新選擇。這項創舉為台灣畜牧業開啟了新篇章。金農興生技公司將二〇〇五年定為「香草豬元年」，象徵著香草豬品牌正式創立。

決定轉職投身畜牧業

將中草藥用於豬隻飼養，不僅減少了對藥物與注射的依賴，讓豬隻健康得以自然維持，無藥物殘留，消費者也能更安心地享用。令人驚艷的是，食用香草飼料的豬肉在口感和風味上有明顯提升，少了傳統的豬腥味，還增添了一絲清香和甘甜。如此前瞻的技術和種種優勢，豬農們應該會爭相採用吧？

事實卻不然。廖秀英回憶道：「我們創辦人花了一年多時間推廣，但市場反應並不如預期。」豬農不願採用的原因主要有兩個：首先，豬隻生病時，傳統做法是請獸醫師來注射藥物，而中草藥飼養則需要長期持續，相當於以「食療」的方式來照護豬隻，這對豬農而言等於要重新設計整個飼養流程，投入更多精力，管理上也更為複雜。

第二個原因則是豬農對直接影響生計的「成本」問題深感憂慮。使用這種方法的飼養成本是傳統養殖的數倍，加上在台灣的豬隻銷售和拍賣體系中，從外觀上無法分辨豬隻是否以中藥飼養，因此無法提升銷售價格，這使得生技飼料技術在推行初期困難重重。

這項足以提升台灣畜牧產業、飲食安全和人體健康的產業鏈計畫，難道會因為種種挑戰而止步嗎？廖秀英回憶道，有一天，研發團隊的教授突然對創辦人丟下一句話：「你何不自己帶著這項技術投身畜牧業？」這句話讓廖家模輾轉難眠好幾個晚上。經過深思，他在心中對自己發出一個疑問：「如果不做這件事，將來回首人生，會不會後悔？」答案是肯定的。於是，「香草豬」品牌正式誕生。

當時，香草豬團隊也給自己一個期許：能否讓台灣的頂級肉品在國際舞台上嶄露頭角？現在一提到西班牙就想到伊比利豬，提到日本則聯想到鹿兒島黑豬，那麼，是否有一天提及台灣，香草豬的名聲也能脫穎而出，成為全球消費者餐桌上的焦點呢？

台灣唯一廣獲國內外期刊論文支持的肉品

憑藉改善國人飲食安全的熱忱，廖家模帶著團隊成員投身畜牧及肉品產業。不過以前有句諺語說「沒吃過豬肉，也看過豬走路」，但對廖家模來說，雖然吃過豬肉、看過豬走路，但偏偏就是沒養過豬。

因此香草豬團隊從零開始，逐步了解畜牧業的產業規則，並展現追求卓越的精神，嚴格控管飼養環境內外部，避免污染與禽畜交叉感染。

金農興生技團隊與三所國立大學教授共組研發團隊，發展出「賀博士健康科技平台Herb-Porch Health Tech.」的飼養技術，從飼養到生產，全程嚴謹把關，堅持採用獨家的鼠尾草、迷迭香、羅勒等歐式香草與漢方中草藥飼養。每批豬隻出貨前接受嚴格的肝臟檢驗，保證百分百零藥物檢出、無毒物殘留。

也因為創辦人的學科背景，讓他對實證研究相當重視。目前，香草豬是台灣第一個在世界學術大會發表，獲得一百五十多國學者專家和論文背書的豬肉飼養技術。而且近年持續取得第三方公正單位，例如中央畜產會的檢測報告，也拿到像是一〇〇%無人工及化學添加物，並且通過ISO二二〇〇〇、HACCP、農產品產銷履歷驗證等，確保產品品質與安全。

矢志追求無添加「真食物」

「好吃的東西大多不健康，健康的東西常常不夠美味。」這是許多消費者的共同心聲。一般來說，食品添加物的原始用途是穩定品質、提升安全。然而，如今許多食品業者為了降低生產成本、增添口感與香氣、改善色澤，甚至吸引消費者的眼球，而額外加了更多食品添加物，使得食品品質變得更加複雜。

廖秀英表示：「雖然許多食品添加物的使用在法定安全值內是被允許的，但這些添加真的有必要嗎？過去即便沒有這麼多的添加物，同樣能製作出兼具美味與健康的食品。隨著技術與設備的進步，我們應該追求更高的食品安全標準。就像家庭廚房裡不會出現的那些添加物，我們認為食品加工廠也不應該有。」

早期，國內的葷食加工品並沒有相關驗證制度，但在創辦人對健康與食品安全的堅持下，二十多年前，香草豬就以極致潔淨、安心健康為目標，致力於提供無負擔的優質肉品與食品。

廖秀英接著表示，要做到無添加或少添加，不僅僅是「去掉非必要添加物」這麼簡單，還需考量保存安全、美味口感，以及完整保留食材的營養，這需要更高的技術與持續的投入。為了達到這一點，品保與研發團隊之間經歷了無數次來回討論與漫長的研究過程，很多時候都會懷疑是否真的能實現「無添加」的目標。「困難的事情做久了，就習慣了。」廖秀英解釋道，既然已知這條路會很艱難，那就只管繼續往下走，只要不放棄，終有一天能實現目標。

在研發過程中，香草豬以歐盟潔淨標示（Clean Label）中最高規格「一〇〇%零添加」為標準，並借鏡古代食品的製作方法與流程，開創出一套全新的技術與製程。他們僅使用天然原料進行調味，並通過最嚴謹的品質管控，針對不同原料調整加工模式和製程。經過無數次的改良與優化，香草豬在二〇一八年正式推出一〇〇%無添加的「香草豬潔淨配方」系列產品並在二〇二三年通過穀研所的「一〇〇%無添加標章」驗證，並選擇第三方公正機構進行檢驗，以確保產品的安全與透明。香草豬不僅承擔企業社會責任，也期望能成為推動產業進步的重要力量。

以ESG永續精神踏實推動「食代革命」

香草豬不僅講究肉品安全、風味獨特與健康養生，同時也積極關注產業的永續發展，即當前熱門的ESG議題。在環境永續方面，香草豬採用節能的環保畜舍，落實農畜綠色循環，並且以低密度飼養的方式，以及針對豬隻每個部位食材的加工使用，珍惜食材不浪費、減少耗損，從細微之處展現出對動物福利保障的用心。除此之外，他們也定期捐贈肉品給兒少福利機構，並優先雇用當地居民於牧場與加工廠工作，希望透過企業微薄的影響力，促進自然環境以及人文、社會的正向發展。

如同許多低調的台灣企業，廖秀英表示，「身為中小型企業，我們的力量雖然微小，但對自己的品牌還是有很高的期望，而且也時時保有我們的初心，我們不斷思考如何才能讓飼養的豬隻獲得更人道的待遇？如何讓員工享有更好的福利？如何更友善地對待自然環境？如何與供應商、消費者建立更好的關係？這些都是我們希望逐步實現的理想。」

憑藉著高品質的肉品、獨特的口感和特殊的香氣，香草豬的努力終於獲得市場肯定。多年前，一位日籍高階主管首次品嚐到香草豬時，被其獨特風味所驚艷，並認同香草豬在食安理念上的堅持，因此推薦品牌進駐台北一線精品百貨的超市。疫情期間，隨著民眾居家烹飪的需求激增，香草豬成為安全、優質的食材首選，經常供不應求，消費者不得不等待才能享受到這份安心美味。如今，香草豬品牌即將邁入第二十個年頭，並且獲得愈來愈多米其林餐廳主廚的青睞，成為新一季菜單中的指定食材，用來襯托其精湛的廚藝。這一切都為香草豬團隊帶來了極大的鼓勵與肯定。

近年來，極端氣候和大環境變遷的影響促使各國農畜業者紛紛倡導變革，如何透過更友善土地、減少碳排、循環經濟的策略，推動農畜業的典範移轉，儼然已成為全球的共識。對此一趨勢，廖秀英表示，香草豬將不會在這場「食代革命」中缺席，並將持續秉持品牌精神，在更多營運環節中落實ESG理念，為永續發展貢獻一份力量。

廖秀英自信地說：「香草豬一路走到今天，很多人問我，這二十年間品牌有改變嗎？我想，改變的是我們推動香草豬走向國際的心更加寬廣了；不變的則是我們品牌的核心價值——始終一步一腳印，扎實地朝著設立的目標邁進。」（文字整理：陳薪智）

總監叮咚

香草豬案例的延伸思考

- 您的企業或品牌在創立時，是否有遇到一些不易推動，但您仍然堅持要做的事情？這些挑戰是否來自於當時的產業環境或社會氛圍？
- 當理念很好但因為成本問題導致市場接受度不高時，您會如何應對和處理？
- ESG概念產品常被認為會增加成本，且市場接受度不確定，面對這種情況，您會如何做出決策？
- 在您的產業或品牌推動ESG時，有哪些可能的切入點？預期會遇到哪些挑戰？您可能會採取哪些應對措施？
- 當企業推動理念型專案時，您會設立「停損點」嗎？如果會，如何選擇標準並進行評估？

巨大集團

自行車王國的推手

在自行車文化探索館，體會ESG慢活學的魅力，讓品牌不僅是產品，更是一種生活方式。

全球正掀起永續與減碳的風潮，但你知道全球四分之一的二氧化碳排放量來源是什麼嗎？答案是「交通運輸」。因此，愈來愈多的人希望可以從日常生活開始加入減碳行動，比如以騎腳踏車代替汽機車，透過手機搜尋最近的YouBike站點，不僅為永續盡一份心力，也能透過騎乘享受城市風光，為生活增添一抹悠然的慢活品味。

YouBike微笑單車是台灣腳踏車巨擘「巨大集團」（Giant Group）送給台灣人

的禮物，除了原創自行車品牌捷安特（GIANT）享譽國際、外銷足跡遍及五十二個國家；甚至在二〇二〇年啟用全世界第一座「自行車文化探索館」，這座位於台中市西屯區占地千坪、共三層樓涵蓋八大展廳的新地標，展示巨大集團在ESG議題的用心。

打造一個讓大家了解自行車的殿堂

企業要進行一項投資或展開一份計畫，背後一定有個關鍵的初衷。自行車文化探索館營運總監汪家灝表示，這座探索館的關鍵推手，是巨大集團創辦人劉金標，也是他在二〇一六年退休前籌畫，希望能留給後代世人的一份心意。

「二〇〇七年，我們創辦人看了《練習曲》這部台灣電影，被裡面的一句台詞——『有些事現在不做，一輩子都不會做了』深深觸動。大半輩子投入自行車行業的他曾說：『腦袋跟自己的腳距離太遠了，很多時候都只有腦子在想，沒有真的用腳去實踐。』他看完電影後就發願要騎腳踏車環島。當時創辦人已經七十三歲，當他環島完成，回來興奮高舉雙手說：『我成功了！』的畫面至今仍歷歷在目！」汪家灝解釋。

完成環島壯舉後，在劉金標退休前，他用了整整九年時間推廣自行車文化，致力於成為自行車的「傳教士」，希望向更多人分享騎腳踏車的美好與價值。

正因如此，我們能看到巨大集團這些年除了專注於生產與製造腳踏車外，還持續拓展服務價值鏈。集團成立了：自行車新文化基金會、捷安特旅行社、YouBike微笑單車，以及自行車文化探索館，打造了四大服務事業體，其核心目的就是要傳遞騎自行車的樂趣。自行車文化探索館正是扮演提供實體場域的角色，讓國內外民眾能穿梭於自行車的歷史長河中，也了解台灣如何蛻變成為全球矚目的「自行車王國」。

從理解到體驗向社會推廣自行車文化

自行車文化探索館的設計初衷，是將其打造為一個結合體驗、探索自行車文化以及提供騎乘提案的創新場域。巨大集團在籌畫這座探索館的過程中，就像精心打造一台自行車般投入匠心。建築設計更邀請到台灣首位榮獲美國建築師協會榮譽院士的建築師潘冀親自操刀。探索館的外觀以圓弧造型與流線型線條為主，展現自行車行駛間的速度感與自由感，彷彿讓人置身於騎乘自行車時的動態律動之中。

至於內部設計，巨大集團下足功夫，力求讓專業車友能看出門道，讓一般民眾也能看得熱鬧有趣。汪家灝分享了一組數據：長期騎自行車的人僅占總人口的不到二〇％。這意味著探索館需要以有趣的內容吸引剩下八〇％平常不太騎車的民眾，同時又要提供足夠的知識深度，滿足這兩成專業人士的期待。讓這些專業車友參觀過探索館之後，感到內容值得，甚至會向身邊的車友推薦；而不常接觸自行車的民眾，也能因為這裡的趣味設計激發興趣。

當民眾踏入展廳，首先映入眼簾的是一條以一八一七年首輛可轉向自行雙輪車為起點的歷史時間軸，讓民眾浸淫在自行車歷史與文化。展廳內，透過多輛珍貴的骨董自行車展示出工藝美學的精髓，結合互動科技，讓歷史變得鮮活生動。八大主題展館依序登場，每一個展品都帶來驚喜，讓參觀者驚嘆於自行車文化的豐富性與多元性。這些展品如同海納百川，從不同視角闡述了自行車如何深深影響了人類生活與文化發展。

展館不僅帶領參觀者穿越自行車的歷史廣度，更深入探索技術的深度。精心拆解了自行車每個零組件的運作原理，從設計構思、產線製程到最終成品的呈現，層層揭開自行車世界的奧祕。透過親眼見證這些製造過程與技術細節，啟迪了每個人對自行車世界的嶄新視野。

除了靜態展覽，汪家灝和他的團隊也深信，透過動態的交流與人與人的互動，可以更有效地向社會和企業傳遞ESG意識。為了讓小朋友親身感受在自行車上馳騁的樂趣，探索館推出了多樣的DIY手作課程，以及從半天到整日的自行車體驗遊活動。汪家灝表示：「我們希望這個場域不僅傳遞自行車的魅力，更讓民眾意識到騎自行車對環境永續的重要性。」

ESG中的「G」（Governance），代表著企業治理的成效，這部分探索館也積極與工商團體分享經驗，並邀請有興趣的企業一起參與產業交流的知性之旅。活動內容豐富多元，不僅介紹巨大集團的發展歷程與台灣自行車產業的祕辛，還包含自行車文化以及如何通過產業共榮打造ESG產業鏈，提供企業間的交流平台，促進不同產業之間的學習與合作，實現教學相長，並共同探索永續發展的新可能性。

將創辦人的養魚哲學實踐於ESG

事實上，自行車文化探索館對於巨大集團而言，並不是一個以「盈利」為目標的營運項目。從建造到維運，總投入超過上億元，為什麼一家企業願意如此投入？汪家灝解釋道：「我認為這與我們創辦人的思維和個性有很大的關係。ESG這個概念是近幾年才開始流行，但我在集團已經二十多年，觀察創辦人在經營集團的過程，他很早就提出了一個叫『養魚哲學』的理念。而這種思維也深植在巨大每一位員工的心裡頭。」

劉金標所提出的「養魚哲學」，是一種著眼於長遠的產業經營理念。他認為，要讓一個產業環境持續發展，不能只專注於釣魚，而是必須不斷在池塘裡養魚，確保池塘中始終有魚可釣，這樣產業的存在才具有意義。而巨大集團的努力就是維護池塘的生態健康，也就是維持產業環境的永續發展；以及持續提升自身的「釣魚技術」，讓「大魚」願意選擇他們的餌。

藉由「養魚哲學」作為支點，可以理解為何巨大集團願意投入龐大資源，讓自行車文化探索館肩負推廣文化的重任，同時全力支持YouBike微笑單車的發展。在這項計畫中，巨大集團負責營運，地方政府負責規畫，成功讓許多民眾受惠於這項便捷的交通政策。對於有人提出的疑問：「有了YouBike可租可用後，民眾還會去買捷安特的車嗎？這樣巨大集團不就是拿石頭砸自己的腳嗎？」

巨大集團並不這麼想！劉金標再次展現了他長遠的眼光。他認為騎乘工具若能唾手可得，就會有愈來愈多人嘗試騎YouBike，甚至把騎乘當成日常交通方案，從而帶動整體騎乘人口的增加。當騎公共自行車的人變多，就會促使政府改善自行車的騎乘環境、路線。隨著習慣養成後，車友就有很大機會希望擁有一台屬於自己的自行車，能夠更隨心所欲探索公路、山林之間馳騁的樂趣。

這正是「雞生蛋、蛋生雞」的循環效應。當自行車騎乘人口增加，更多人自然會產生購車的需求，而巨大集團作為高品質自行車的領導品牌，自然是其中的受益者之一。此外，當愈多人選擇低碳的出行方式，也會加速永續旅遊的普及化。相關政府單位自然會更願意投入資金改善自行車友善設施、制訂完善的政策，進一步促進整體旅遊商機，甚至吸引更多國際旅客帶著他們的自行車來台灣進行環島旅遊，對提升國內生產總值（GDP）有所貢獻。

儘管隨著全球自行車產業鏈的外移，台灣如今已不是自行車的主要生產大國，加上國內自行車的騎乘人口數也相對有限，但正因為有巨大集團的長期深耕與努力，讓自行車產業根留台灣，攜手上下游的夥伴，共同打造出一個專注於高階自行車的產業聚落，藉此提升產業競爭力，讓台灣的自行車產業在全球市場中擁有無法輕易被其他國家或地區取代的位置。

為下一代創造一個更美好的地球，這座全球首創的自行車文化探索館無疑為這一目標提供了重要的教育與體驗平台。透過這裡，更多人能了解自行車文化的深度與魅力，也能喚起對永續發展的關注與行動。

在台灣自行車A-Team的努力下，未來，台灣擁有完整且健全的自行車產業鏈，更應在這片島嶼上打造出一個友善的自行車騎乘天堂，讓世界各地的人透過騎行，深入感受台灣的山水美景與人文風情。自行車文化探索館的落成，僅僅是一個起點。未來的旅程，將引領我們去探索哪些未知的風光、欣賞更多的驚喜？讓我們拭目以待！（文字整理：陳薪智）

總監叮咚 自行車文化探索館案例的延伸思考

- 許多企業設立觀光工廠，自行車文化探索館與其有何不同之處？
- 透過建立場館來推動ESG永續行動，投資成本通常較高，該如何評估其效益與回報？
- 您認為教育與體驗在推廣ESG方面扮演了什麼樣的重要角色？
- 您的企業或組織在推動ESG永續行動時，是否有看到潛在的未來商機？

崴正營造

讓ESG助攻EPS的建築魂

透過崴正營造的建築世界，感受為台灣「熱血奉獻」的社會責任。

崴正營造，一家二〇二一年才於台中成立的營造公司，短短三年時間，員工人數超過一百四十人，並有二十多個工地同時開工，二〇二四年業績有望突破二十五億元。除了業績亮眼，崴正營造也致力於營造幸福企業文化。二〇二四年榮獲《遠見》雜誌ESG企業永續獎「傑出方案人才中小企業獎」，以及《HR Asia》雜誌的「二〇二四亞洲最佳企業雇主獎」。

缺工、缺料以及極端氣候，已成為營建業的「新常態」。然而，在這樣的挑戰下，崴正營造依然展現出強大的競爭力。擁有三十年豐富經驗的崴正創辦人張正岳自信地表示：「我們現在的訂單已經排到明年的第一季。」那麼，崴正是如何在市場上脫穎而出，創造品牌差異並累積好口碑的？這一切的起點，得從張正岳的求學時代談起。

力求「企業共生、社會共好、產業共榮」

張正岳在南投高中時就讀建築製圖科，便受到扎實的學校教育和多位貴人的提攜，把日式的職人魂烙印在他的做事思維中。進入社會後，張正岳投身於營建業，從基層做起，磨練出追求細節與完美的個性，以及對卓越的執著。他秉持「人無我有、人有我優」的原則，成功帶領前公司創造百億業績，奠定了他在業界的良好聲譽。三年前，他創立了崴正營造，將這份職人精神與對品質的高度要求延續至新事業中，並迅速在市場上建立起品牌差異與良好的口碑，使崴正成為營建業中耀眼的新星。

許多人以為開公司當老闆，只要出一張口指揮下屬辦事，張正岳坦言：「開公司很簡單，但經營公司卻非常不容易！如今我們面臨電費上漲、人力短缺、碳費課稅，甚至政府不斷推出的打房政策，對建築營建業來說，經營環境愈來愈艱鉅了。」

即便在成本不斷增加、營運挑戰層層升級的情況下，身為建築人、企業主的張正岳並沒有只考慮自身利益，反而選擇與供應鏈上下游夥伴攜手轉型，共同追求成長與發展。為什麼張正岳對於「利他」這件事如此重視？

張正岳解釋，「建築業是一個『取之於地球、用之於地球』的產業，我們從土地中汲取資源，也必須對土地負責。多年來，台灣遭受到各種天然災難，特別是二〇〇九年八月莫拉克颱風重創高雄造成小林村滅村的悲劇，爾後還有各種大小規模不斷的地震與自然災害，看到這片土地的人民受到傷害，我心裡非常難過。因此，我希望能為社會做一些『血會熱的事情』，讓我的工作不僅是建築，更是為了土地與人民的幸福。」

既然要熱血，又要呼應自己的本業，張正岳在創業伊始就把ESG精神納入崴正的經營KPI，他不追求短期獲利，而是以十年、二十年為規畫，將ESG行動融入在企業日常營運，希望帶領營造行業達到「與企業共生、與社會共好、與產業共榮」的願景。

張正岳以自身力量實踐「與產業共榮」，透過以大帶小的方式，早在數年前就號召建築業上下游供應商組成綠色建築產業鏈。後來，他更推動成立正式組織——綠色智慧科技協會，如今已有超過七十家供應商加入。成員們透過互相學習、資源共享，共同推動減碳行動，也帶動產業轉型。

因為追求品牌差異化並秉持不藏私的精神，致力於促進產業共好，張正岳帶領的崴正營造從一家員工不到六十人、年營收僅十億元的小型營造廠，逐漸成長為擁有六百名員工、營收突破百億的大型企業。

作為營造業的綠色先行者，崴正憑藉「共學、共好、共榮耀」專案計畫，獲頒第二十屆《遠見》雜誌ESG中小企業人才發展獎。而張正岳本人則於二〇二一年獲得國內鼎革獎的「數位轉型領袖獎」，彰顯了他在企業管理與轉型方面的卓越才能。

設立磐石菁英學苑培養新世代人才

在建築領域，營造廠商是產業鏈的整合者，負責將建商的任務落實為具體成果，同時把關每個細節，確保終端消費者能住得安心。因此，專案的進度、品質、成本和安全等環節都必須做到滴水不漏，不能有任何疏忽。而營造商能夠發揮這樣的關鍵價值，最重要的因素就在於「人才」。

不同於二代接班或空降型的老闆，張正岳展現了一步一腳印的台灣水牛精神。他先後畢業於台北工專土木工程學系和國立交通大學經營管理所，扎實學習建築與管理相關知識。畢業後，他投身營造工程，從基層的繪圖員做起，歷經監工、工地主任、所長、經理、總經理，最終晉升為董事長。「我自己是從底層一步步爬上來，歷練了不同階段，累積了許多養分。所以當我創業後，對人才這一塊特別重視。我不斷思考，如何給員工更好的資源、更多的培訓，讓他們能與企業一起成長。」張正岳解釋。

營造產業與那些可以高度自動化，甚至借助AI輔助的行業截然不同。張正岳觀察到：「營造產業的剛性需求就是『人』，我把員工當家人，將人才放在第一位。投資人才，不僅是對他們的支持，更是對企業未來的長遠投資。」

人才也是ESG當中的Social的核心，因此崴正持續針對「產、銷、人、發、財」管理領域進行投資，例如找知名的講師提供員工教育訓練、關注員工的身心健康、提供完善福利。張正岳說：「身為老闆心態更要謙卑，我總認為給員工的還不夠多，希望這一塊能做得更好。我們離職率非常低，一般營造廠的離職率大概兩三成，我們離職率則不到一成，顯示我們崴正跟人家不一樣的地方。」

張正岳注意到，隨著建築科系學生比例逐年下降，以及極端氣候導致的酷暑環境，許多年輕人對土木、建築相關領域的興趣減弱。為此，崴正在成立的第一年便設立了「崴正磐石菁英學苑」，推出六大系列課程，系統化培養人才。透過這些課程，員工不僅能學習不同領域的知識與實務經驗，還被鼓勵在職進修、考取相關證照，將所學充分應用於工作中，為個人成長與企業發展注入持續動能。

這幾年對企業制度、人才培育的投入，除了讓崴正獲得「二〇二三年TTQS銅牌獎」的肯定，二〇二四年同時也獲得亞洲人力資源專業雜誌《HR Asia》主辦的「亞洲最佳企業雇主獎」，在在證明他們對企業人力資源的投入是「講真的」。

致力成為「三最」企業

崴正不僅透過人才賦能提升企業競爭力，並驅動上下游夥伴促進產業繁榮，更致力於實現ESG與EPS（每股盈餘）的雙重平衡。為此，崴正採用雙軸轉型策略，同步推動數位轉型與綠色轉型，讓ESG與EPS形成正向循環。張正岳強調：「ESG的治理（Governance）反映企業的獲利能力，只有獲利，才能更好地照顧員工與夥伴，所以我們做低碳轉型跟數位轉型是一起同步展開的。」

崴正從源頭導入低碳、綠能與循環經濟理念，並將BIM（Building Information Modeling）、AI和IT等「3I」技術應用於工程中。張正岳解釋，BIM數位系統能計算節能效率，模擬通風與光線的綠色設計，並依循綠建築規範進行建模。這些技術的應用，不僅提升了工程效率，還有效降低施工中的失誤率，並減少建材廢棄物。透過數位工具的賦能，崴正實現了設計與施工成效的雙提升，並在過程中具體落實減碳目標。

綜合崴正的ESG行動，張正岳提出了他們追求的「三最」目標：成為員工心中最幸福的企業、業界最優秀的企業，以及社會最受推崇的企業。張正岳說：「我們期許自己有一天能成為營造業的台積電，成為產業中的學習標杆，讓員工嚮往在這裡工作。同時，我們也要能持續獲利並善盡社會責任。因此，當了老闆後，我每天都在思考，如何讓公司既能獲利，又能實現永續經營。」

為了實現永續經營，張正岳分享了他的習慣：「許多企業是從現在看未來，而我是從未來看現在。我經常將企業放在未來五年、十年的狀態來思考，並且每天至少花兩個小時閱讀，涉獵不同產業與領域的書籍、雜誌，讓我能洞察全局，為企業規畫未來十年、二十年的布局。我認為，作為肩負使命的企業主，必須看得更遠，才能活得更久。」

至於未來的藍圖，張正岳充滿信心地說：「我們的目標是成為一家精緻營建的企業，並成為幫助客戶圓夢的最佳推手！」（文字整理：陳薪智）

總監叮咚　崴正營造案例的延伸思考

- 從崴正的例子中，追求EPS與ESG的過程，要掌握哪些因素，才能兼顧兩者？
- ESG三者當中，您認為哪一個最重要？最優先？為什麼？
- 您所屬的企業或組織，有哪一些方式是可以做到上下游供應鏈一起進行的ESG永續行動嗎？
- 您認為什麼樣的企業才能活在未來？

「明日餐桌環境廚房」與「地表最廢垃圾學校」

楊七喜的永續行動

在都市中，見證人與廢棄物共生的ESG創新之旅。

根據聯合國糧食及農業組織與世界糧食計畫署等多個國際組織在二〇二四年四月二十四日發布的《全球糧食危機報告》，二〇二三年全球五十九個國家和地區約有二・八一六億人正面臨嚴重糧食不安全問題。所謂糧食不安全意謂著，這些人因無法得到足夠食物，生命或生計面臨危險。造成這種狀況，其中，食物浪費是關鍵因素之一。聯合國糧農組織（FAO）指出，全球每年超過十三億噸的食物被浪費，而這些食物大多仍可食用。食物浪費不只是「浪費」而已，還加劇了環境壓力，還使全球飢餓問題更加嚴峻。

楊七喜觀察到這個問題，創立了「明日餐桌環境廚房」和「地表最廢垃圾學校」，致力推廣續食到永續食的全方位理念，推動資源再利用，並改變人們對食物和廢棄物的看法，同時也建立人與廢棄物共生的系統，協助都市中無家者返家，她想傳遞的核心理念是「人與萬物一樣，沒有所謂的剩餘」。

從自身經歷體會社會底層者的無助

「明日餐桌環境廚房」創辦人楊七喜的生命歷程充滿挑戰。她出生於單親家庭，從小便承受家庭經濟的壓力。國小四年級開始，她長期遭受霸凌，儘管在學業上努力不懈，卻因經濟困難而不得不早早兼職工作，負擔自己的學費與生活費。她曾在夜市擺攤，也在各種低薪工作中磨練自己，這段艱難的成長歷程讓她經常疑惑：為什麼自己的生活總是在掙扎求生？所幸兩位關鍵人物點亮了她的生命。一位是她的姐姐，另一位是她在網路聊天室認識的陌生人。姐姐經常告訴她：「你並不是別人眼中的那樣子，你有自己的價值。」這些來自家人和陌生人的肯定，像一張溫暖的網，讓她不致於墜落人生無止盡黑暗的低谷。

十九歲時，楊七喜創立了第一個工作室，開始涉足設計與創意產業。雖然年輕且缺乏資源，她憑著堅韌的精神與創意逐漸在業界立足。然而，看似成功的背後，卻承受著巨大的壓力與挑戰。日夜不停地工作讓她的身體不堪重負，二十六歲時，被診斷出罹患罕見的自體免疫疾病——皮肌炎。這場疾病讓她一度陷入低潮，甚至萌生放棄的念頭。

然而，楊七喜並未因此被打倒。在病痛中，她重新審視生命的意義，開始反思過去的生活方式，逐漸明白，真正的成功並非來自於追逐名利，而是來自內心的平靜與對社會的貢獻。她問自己：「如果我活不久，我能為台灣留下什麼？」她將自己比喻為黑暗中的一根蠟燭，雖然微弱，但只要點燃，也能成為他人前行的方向之光。於是她領取了急難救助金一萬元，再向朋友借了四萬元，以五萬元資本開始創業，沒想到後續還要為這個決定負債上千萬。

從續食到永續食：延展食物議題的深度

二〇一六年，楊七喜懷抱著一個簡單卻深刻的信念——「人與蔬果一樣，沒有剩餘」——踏上了她的永續之旅。她的第一步，是從台中第五市場拯救那些因外觀不佳而被遺棄的蔬果。這些仍可食用的食材，僅僅因為外形不完美而被丟棄，但對於有需要的家庭而言，卻是彌足珍貴的生計來源。於是，楊七喜每天親自前往市場，與團隊一起收集這些被浪費的蔬果。起初，她們每天能拯救約二十到四十公斤的蔬果，週末和假日期間，數量甚至能達到一兩百公斤。在她的巧手下，這些「醜蔬果」被製作成一道道美味佳餚，並以自由定價的形式提供給消費者。此外，經過簡單處理的食物還會分送給超過二十個需要幫助的家庭。對這些家庭而言，這些食物不僅是基本的生活保障，更是生活中的一線希望。

在「明日餐桌環境廚房」這個平台上，任何有需求的人都可以自由登記並領取食物。這個計畫致力於打造一個不排外的公益服務，確保每一位需要幫助的人都能夠得到支持。這種創新的模式，不僅讓原本可能被浪費的蔬果得以重新利用，也讓人們意識到食物浪費問題的嚴重性。

楊七喜的行動並不僅限於食物拯救，她進一步將「再製」理念延伸至對弱勢群體的關懷，特別是無家者、獨居長者和弱勢兒童等飢餓族群。這些人因經濟困難無法獲得基本的食物和營養。於是在每場餐宴中，楊七喜設置「勞力換餐」名額，讓經濟弱勢者通過自身的勞動獲得食物，並餐宴結束後，將剩餘的食物打包分送給街頭無家者。在新冠疫情期間，她更展開了街頭救援行動，募集高營養的救援包，長期支持街頭無家者。期間，她更向育幼院與醫護人員捐贈超過四萬包救援物資，並聘請超過七名無家者協助運作，幫助他們度過疫情難關。

隨著經驗的累積，楊七喜和她的團隊逐漸意識到，續食的概念雖然重要，但只能解決食物浪費問題的一部分。於是，他們進一步推廣更全面的「永續食」概念。永續食不僅涵蓋剩食的處理，還涉及多元面向的議題，包括推廣台灣原生種作物、探索超級食物的潛力，以及植物肉等創新領域。楊七喜認為，每一道食材的背後，都代表著一個值得討論的議題。透過這些探討，她希望喚起人們對食物真正價值的重視，並啟發更多人思考如何更有效地利用資源，為實現食物系統的永續發展鋪路。

轉廢為寶：打造人與廢棄物共生的系統

二〇一八年，楊七喜再度面臨生命的挑戰——卵巢癌確診，讓她不得不再次直面生死。然而，這場疾病喚醒了她內心的願望：創建一所學校，推動人與廢棄物共生的模式，重新賦予廢棄物價值，讓它們成為都市生活的一部分。於是，她創立了「地表最廢垃圾學校」，以「回收」與「再製」為核心，致力於「轉廢為寶」。透過年輕人的創意與青銀共創，將多餘資源製成商品，並邀請無家者參與，為他們提供新的生活方向。

楊七喜解釋為何稱為「學校」：「這是一個『共有』與『共存』的聚落，夥伴間相互學習，激發環保創意，吸引各地懷抱環保理念的人來實踐理想。這就是我們將它命名為『學校』的原因！」她期待這所學校成為一個社區聚落，透過教育與協助，引導人們改變生活方式，實現減廢生活的理念。這不是傳統意義上的學校，而是一個教導人們如何將廢棄物資源化的實踐基地。

從二〇二一年至二〇二三年，「地表最廢垃圾學校」透過其系統庇護了二十八位無家者，其中十五位成功重返社會。這個充滿創意與實踐力的計畫，體現了楊七喜和團隊對社會的深切關懷。每週四，楊七喜和團隊會為無家者提供餐食，與他們共進晚餐，不僅滿足基本需求，也傳遞溫暖與支持感。週末則舉辦一系列環保實踐活動，如：

- 再生紙工作坊：教導如何將廢紙轉化為再生紙。
- 轉油為皂工作坊：教導將廢油製作成肥皂。

這些活動不僅傳遞環保理念，還讓參與者通過實際操作獲得成就感。此外，楊七喜還提供菜市場和聚落導覽，展示資源如何被有效利用，並推廣續食與轉廢為寶的重要性，進而激發社區的參與熱情。

近期，楊七喜為年長體弱的無家者量身設計文創產品，並將其放入改造後的「挺良善的」未來概念扭蛋機。這些中古扭蛋機經改造後，放置於台中中區店家寄售，開創了扭蛋的社會價值與創新公益獲利模式，不只是開創了扭蛋本身能夠帶動的社會價值，更建構了一個被動式收入的創新公益獲利模式，透過結合隨機性趣味、高顏值文創商品和幫助弱勢理念三大誘因，吸引更多人參與，透過在地店家的力量支持在地議題，創造了店家、弱勢群體和聚落經營的三贏局面。未來，這個項目將進一步發展扭蛋禮盒、活動場和婚禮場的商業策略，憑藉其靈活性和創新性，讓公益與商業達到深度結合，為永續發展帶來更多可能性。

這個系統不僅滿足了無家者的基本生活需求，更幫助他們重拾生活的意義與自信，逐步融入社會，有效降低了社會對弱勢群體的支持成本，同時推動資源再利用，實現了社會、環境與經濟的多贏局面。

人是推動ESG的核心

楊七喜創立的「明日餐桌環境廚房」，從拯救市場上被遺棄的醜蔬果起步，逐步推動食物零浪費，並延伸至幫助弱勢群體。她的故事不僅是個人奮鬥的見證，更是ESG理念中「S」（Social，社會）與「E」（Environment，環境）深度結合的典範實踐。通過「明日餐桌環境廚房」與「地表最廢垃圾學校」，楊七喜將「零廢棄」與「再製」的理念具體化，不僅實現了資源的再利用，還在社會層面上展現了對人的尊重與關懷。她的行動告訴我們，真正的永續不僅是環保，更是對每個生命的尊重與珍視，讓每一個人都能活出獨特的美好。

儘管在過程中常為財務問題發愁，但楊七喜樂觀地說：「如果我一個人的一千萬，可以換來全台灣人對永續未來的重視，是不是很划算？」如今，她已成功開拓了八個剩食據點，雖感到心滿意足，但她的腳步並未停歇，腦中還有許多計畫正在醞釀，準備為永續未來帶來更多改變與可能性。（文字整理：王麗蓉）

總監叮咚 **楊七喜案例延伸思考**

- 您認為「廢棄物」的定義是什麼？
- 您的企業或是組織中有哪些事物，是被歸類為「廢棄物」？
- 這些被定義為「廢棄物」的東西，有哪些「再生」的可能？
- 組織中是否有些人所處的位置其實並沒有發揮最大效益？目前組織規畫或是人力職務安排，有哪些創新、更有創意或是更高價值改變可能性嗎？
- 楊七喜的故事讓您印象最深刻的點是什麼？您會想要如何改變自己的生活？

王瑜君ESG國際公民大學

借鏡德國啟發台灣永續創新實踐

推動ESG國際公民大學，體驗知識分享與跨國學習的無限可能。

「重理工、輕人文」已成為台灣社會的常態，尤其在AI時代，這種現象更為明顯。隨著少子化問題加劇，一些人文科系面臨停招或裁撤的命運，而AI和半導體相關學程卻逐年增加。然而，若將社會視為一個有機體，要實現永續發展並培養具備ESG思維的下一代人才，跨領域學習就變得不可或缺。

台灣就有這麼一位跨文化的探索者：王瑜君博士，她的學習歷程相當與眾不同，台灣大學物理系畢業、在美國石溪大學（SUNY Stony Brook）取得物理學博士，接著又到瑞典(Chalmers University of Technology做博士後研究。沒有意外的話，她應該就像多數的理工人才，走向科學科技研發的職涯之路。

王瑜君在歐洲做研究的幾年間，逐漸意識到自己真正的興趣並不在科學。於是，她毅然轉向，從自然科學領域跨行進入人文社會領域，並在德國特里爾大學（Universität Trier）取得哲學碩士，並成為國際政治博士候選人。旅居美國與歐洲多年後，返台的王瑜君為何興起創辦ESG國際公民大學念頭？

超高齡社會孤獨問題愈發凸顯

王瑜君現在把自己定位為譯者、文化評論人、社會設計者，曾翻譯多本英文與德文書籍的她說，因為喜愛閱讀、旅行、當代藝術、電影、博物館，因此累積不少「不務正業」的生活體驗。

正是這些多元的生活養分，促使王瑜君廣泛關注環境能源、氣候變遷、科學教育、轉型正義等議題。她不斷思考，如何透過公民大學、生命教育、深度旅遊、文化藝術與電影等創新手法，回應台灣當前面臨的產業創新、文化發展和銀髮照護等挑戰。

王瑜君坦言：「我的生命經歷有幾個重要的轉折。一方面是從理工科背景轉向社會領域，因此凡是與人、團體組織發展或公共議題相關的事，對我來說都特別重要；另一方面是在德國學習社會科學時，我注意到，即使是現在被視為民主開放的國家——德國，學校教育與外界世界之間依然存在明顯的脫鉤現象。」

回到台灣後，王瑜君敏銳地觀察到，台灣正面臨多重挑戰，包括：少子化、高齡社會、居住正義與綠能轉型等議題。這些結構性問題逐漸浮現，但社會尚未形成共識，也缺乏有效的替代方案來因應與解決。

生老病死是每個人無法迴避的生命歷程，但由於東方社會普遍避談死亡，老死相關議題在公共領域中極少被深入討論或辯證。正因如此，她將高齡社會視為首要探討的焦點。

用數據說話，國發會預估台灣將於二〇二五年進入超高齡社會，也就是高齡人口達二〇%，其中「獨居」現象比想像中高，根據內政部二〇二〇年公布調查，台灣八十五歲以上有二四・六%獨居，六十五歲至七十四歲、七十五歲至八十四歲之間的兩者比例，也都超過二成屬於獨居。年老獨居現象不僅發生於台灣，歐洲社會也同樣在面臨人口老齡化議題。

為了了解歐洲如何應對老齡化問題，王瑜君與德國「走出孤獨協會」（Wege aus der Einsamkeit）深入交流，觀察該協會如何扭轉社會認知，利用企業力量支持運作，帶領銀髮族善用數位科技，排解孤獨，並翻轉社會對高齡的既有印象。

「想像一下，我們的媒體如何塑造高齡族群的形象與生活樣貌？」王瑜君引導大家反思，熟齡族群是否長期被刻板認為是行動遲緩、依賴輪椅輔具，或臥病在床需要旁人照顧？德國的「走出孤獨協會」正是以破除這些刻板印象為目標，運用社會學中的能動性（Agency）概念，強化銀髮族的自主自立與尊嚴。透過制度設計與實務操作，該協會證明長者在合適的支持下，依然能展現自主性與行動力，優雅而有活力地老去，相當值得台灣學習。

沒有圍牆與教室，共學才是王道！

除了老齡議題，德國在許多面向也許與台灣相似。例如，二戰的納粹屠殺行徑，讓德國人對人權、正義、歷史教育產生深度反思，德國人將過往的創傷，化為具批判反省和行動的能量。這股動能啟發了王瑜君，讓她開始思考如何透過行動，幫助台灣人理解德國社會如何轉化這段黑暗歷史，並從中汲取經驗。為此，她採用田野考察的形式，系統化地洞察德國的轉型正義模式，並進一步研究其如何將歷史反思融入ESG策略，以促進永續發展。

「最初因為友人邀請我規畫德國參訪團時，我也在思考，這難道只是要辦一個遊學團嗎？但我的定位不同，我希望塑造一種『共學』的模式。在這樣的模式中，沒有誰是老師，而是大家處於同樣的位階，像教練一樣互相啟發，共同創造學習的內容。」王瑜君解釋。

經過深思熟慮，王瑜君開始將「辦學」作為她的計畫主軸，並設計了一個沒有教室、沒有圍牆的學校。她以定錨主題、實地參訪、彼此共學的概念，構建出「ESG國際公民大學」的雛型。自二〇一八年起，王瑜君陸續展開一系列的德國創新共學旅行，針對不同主題，規畫參訪德國各地的創新單位，參與者不僅能聆聽德國社會創新行動者的生命故事，也能觀察當地公民如何主動發起行動解決社會問題，促進了跨領域、跨世代、跨部門的公私協力。

王瑜君談到不同主題梯次的參訪時，印象最深刻的回憶是：「與其在教室裡規矩地聽著老師講課，不如親自深入民間。通常我們會安排上午、下午各與兩個機構互動，有時甚至還加場。中午則在超市購買簡單餐點，或是到當地居民常去的餐廳用餐，貼近他們的日常生活。學習過程一天走上一兩萬步是常有的事。」

從「讀萬卷書」到「行萬里路」，ESG國際公民大學強調公民教育是社會轉型的核心。通過共學旅行，他們完成了多個主題的深度探索，涵蓋多元議題，包括：走出孤獨的社會設計、動物輔助教育與療癒、德國桌遊大展、綠能永續社區、多時代共榮共生合作住宅、數位科技的社會影響與溝通、移民難民女性創業創新等等。

儘管受到新冠疫情影響，王瑜君依然透過線上與歐洲友人保持互動與交流。二〇二三年二月，她完成了第九梯次的共學旅程，親身觀察到德國社會面對非核家園綠能轉型、移民難民湧入、烏克蘭戰爭危機等新挑戰時，如何從下而上激發民間創新的應變能力。這些經驗讓王瑜君更加堅信，推動ESG轉型的關鍵驅動力來自社會教育、溝通和信任。

創新思維不要被框架綁架

ESG國際公民大學的經驗，讓王瑜君對台灣社會提出一個核心倡議：無論是個人還是企業，實踐ESG的關鍵起點在於「主動性」。她引用KPMG《臺灣永續風險大調查》的結果指出，當面對挑戰或問題時，台灣僅有二成的受訪者認為自己應採取行動，其餘大多數仍期待政府、企業或媒體來解決問題。

現在愈來愈多台灣企業意識到ESG的重要性，並將其納入營運策略。然而，對於決策者而言，仍普遍存在一個疑慮：「投入ESG是否會增加成本，壓縮利潤，甚至削弱競爭力？」

王瑜君以二〇〇七年於德國漢堡成立的「走出孤獨協會」為例。這是一個由民營企業支持設立的非營利組織。最初，這家企業的目的是將部分獲利回饋社會，並觀察到德國高齡長者的孤獨議題未被政府充分重視，於是成立該協會，目標是改變社會對高齡者的負面印象，並鼓勵銀髮族積極參與社會生活。協會以非營利模式運作，運營資金由企業的所得投入，同時指派企業內部高階主管許得夢（Dagmar Hirche）擔任創辦人，全職負責協會的發展業務。

「走出孤獨協會」的行動逐漸引起德國在地社群的關注，民眾了解到協會背後支持的企業，其本業是生產有機產品。隨著協會的影響力擴大，愈來愈多消費者選擇以購買行動支持該企業，不僅表達對協會理念的認同，也助推企業的業績持續增長。企業因營收增加，獲得更多資源，進一步投入協會的運營，支持更多高齡者參與社會活動，從而形成一個ESG的正向循環。

王瑜君為台灣社會的貢獻以及她在促進台灣與德國之間社群交流的努力，讓她在二〇一八年榮獲德國在台協會頒發的《德台友誼獎章》，這是一項極為崇高的榮譽。獲獎後，王瑜君並未停下腳步。她表示：「永續不是光靠科技就能達成，更需要生命與生命之間的價值連結與轉變。在推動淨零排放的目標下，更重要的基礎工作，是透過公民教育、社會溝通與社會設計，逐步建立多元共融的信任感。」（文字整理：陳薪智、王麗蓉）

總監叮咚

ESG國際公民大學案例的延伸思考

- 當想到ESG永續行動，您會立刻連想起哪些關鍵字？
- 您認為產業創新和ESG有何相關性？
- 您認為王瑜君提到永續不是光靠科技，而是需要公民教育和社會溝通，這是什麼意思？
- 共學有什麼特色？和一般的教育訓練課程有何不同？
- 您身處的企業或是組織，平常是透過什麼方式讓大家持續對ESG永續議題持續學習和成長，效果如何？這篇文章是否給您新的啟發和想像？

樹德企業「半山夢工廠&學旅工場」
用企業品牌探尋國家定位

深度探索土地文化價值，在這裡，企業不只是營利，而是文化的守護者。

以「收納王」著稱的樹德企業創立於一九六九年，至今已有五十五年歷史，是台灣家喻戶曉的品牌。產品涵蓋工業和居家領域，從工具箱、收納盒到文具用品，樹德企業成為台灣收納工具的領導品牌。然而，對於老品牌而言，如何創新並回應時代的潮流與轉變，甚至實踐社會責任，是許多企業難以突破的挑戰。

樹德企業第二代董事長吳宜叡，以生命經驗作為回應，將土地與文化的永續思維融入企業規畫中，並透過行動實踐，最具代表性的例子便是位於南投的「半山夢工廠」，自二〇一三年起開始打造，成為企業創新的象徵。

打造樹德的永遠之家——「半山夢工廠」

樹德塑膠廠的創辦人吳景霖，是吳宜叡的父親，吳宜叡的童年多半在工廠度過，這段經歷成為他日後創建「半山夢工廠」的靈感來源，並融合了他在藝術領域的專業。樹德企業的發展歷經波折，包括水災、九二一地震和二〇〇一年工廠失火等事件。

吳宜叡在英國倫敦藝術大學取得工業設計碩士學位後，原本計畫留在英國發展設計事業。但二〇〇一年樹德工廠的大火後，他立刻回到台灣，加入家族企業，開始承擔起重建的重責。「我一直以為我是為美而生、為設計而活的人，但回來接手的卻是一片鐵皮屋。」他坦言，當時內心充滿矛盾。然而，他並未退縮，而是以設計師的視角重新定義這片場域。他將工廠的運營結合藝術、人文與個人興趣，並以「讓樹德擁有一個永遠的家」為使命，逐步重塑樹德的品牌價值與企業願景。最終，這些努力孕育出具有象徵意義的「半山夢工廠」。

「半山夢工廠」的建造歷經艱難，結合了三十八個設計團隊的努力，耗時十年完成，成為台灣最具代表性的「綠色觀光學旅工場」。工廠採用了雨水回收、太陽能綠光電等多項綠色建築技術，將美感與創新融合其中。館內中央十層樓高的「生命樹環樹步道」，不僅是南投的知名景點，更承載了台灣鄒族神話和聖經「生命之樹」的精神內涵。此外，館內還設有冒險設施，讓遊客能以互動方式感受創意與挑戰的樂趣。憑藉其獨特的設計與環保理念，「半山夢工廠」贏得了國際十四項建築大獎。

以企業角度經營國家品牌

「半山夢工廠」不僅是樹德品牌的展示館，還結合了其他台灣本土品牌，舉辦市集，邀請小農與手作攤販參與，推廣在地農產與手工藝，並設置了「灣島文化館」和「世界南島中心」，以介紹台灣作為南島語族發源地的歷史、文化與影像等。這些內容的設計，源於吳宜叡多年旅居海外的經驗。他在國外深感台灣的國際識別度不高，甚至經常被誤認為「泰國」（Thailand）。這些經歷讓他認識到推廣台灣文化的重要性，並成為他執行這個計畫的原動力。他坦言：「我拼命推動這個計畫，因為我想讓更多人認識台灣的價值和重要性。」

館內設置了「發現台灣好、就愛台灣味、感受台灣美」三大主題場域，展示了台灣的文化特色與獨特優勢。這些場域以台灣人熟悉的樹下乘涼、聚會的生活特質為靈感，並幾乎無償提供場地，支持小型企業和小農舉辦市集、音樂會、展覽等動態活動，成為推廣本地創意與文化的重要平台，進一步向國內外遊客展示台灣之美。

文化永續新思維——跨世紀的孤獨探索

吳宜叡以企業實踐國家文化的永續保存與推廣，注定是一條孤獨且充滿挑戰的道路。「半山夢工廠」並非以商業利益為核心，短期內難以產生顯著的經濟效益，反而承擔了三十億元的負債，甚至可能需要兩三代人才能真正體現其在文化永續上的價值。吳宜叡坦言：「每天最想放棄的，就是想放棄的念頭。」儘管面對經濟壓力與心理挑戰，他仍選擇逆風而行，堅持推動這項計畫。

透過「半山夢工廠」，樹德企業成功展現了如何在企業發展中融入文化與永續價值，這不僅是品牌的成長，更是對台灣土地與文化的深刻關懷。吳宜叡表示：「有一天我可以以父之名榮耀我的父母、榮耀我的國家，也讓故鄉的土地得到國際的認可……」未來，樹德企業將持續以創新的方式，探索台灣在國際上的定位，讓更多人認識這片土地以及其背後的故事。（文字整理：張瑀曦）

總監叮咚

樹德企業「半山夢工廠」案例的延伸思考

- ESG永續行動中的S（Social），您會聯想到哪些實踐項目？
- 您的組織或單位有哪些文化特色？
- 您是否採取方式來延續並拓展這些文化的意義與影響？
- 您曾聽過哪些類似的文化永續案例？
- 對您而言，文化永續性可以為永續發展創造哪些價值？

台中知識創新扶輪社

社團公益服務與永續的創新結合

從生活領域探索實踐永續的可能性，人人都能從日常的綠色生活中，挖掘每個人都能參與的永續可能性。

扶輪社是一個以服務為核心的國際組織，致力於服務弱勢、關懷社區的理念，透過各地社團實踐行動。根據國際扶輪總社的統計，截至二〇一三年六月三十日，全球超過二百個國家與地區擁有三萬四千六百六十四個扶輪社，總社員數達一百二十萬八千六百六十人。在台灣，扶輪社的成員主要由企業主、專業人士及高階經理人組成。隨著國際間對ESG議題的關注不斷升溫，台灣地區的扶輪社也開始積極探索，如何將永續理念融入到既有的社團公益行動中，找到創新的方式推動環保、減碳與再生等行動。

隸屬於國際扶輪三四六二地區的台中知識創新扶輪社（Rotary Club of Taichung Knowledge Innovation）創立於二〇二〇年，每年六月最後一天，是新舊社長交接日，七月一日上任的新社長，任內一年除了定期的活動籌辦，各社長也會依年度主題，舉辦多元的活動。

二〇二三～二〇二四年度台中知識創新扶輪社的社長林怡君（扶輪名Dollars）提到，加入扶輪社之前，她和多數人一樣覺得扶輪社就是「有錢人的社團」、「每個月的例會就是在吃喝公關交際」，實際入社後，才發現社裡的成員來自各行各業，都是很熱愛學習的企業主和老闆，每個月的兩次例會，都會安排知識性極高的演講，生活非常充實與忙碌。

因為在扶輪社的活動中找到了價值與意義，Dollars愈發投入於社內事務，並於二〇二三年七月至二〇二四年六月擔任台中知識創新扶輪社的社長。這份責任驅動著Dollars帶領扶輪社邁入永續發展的新領域，以創新方式將ESG的理念融入社友的生活，甚至吸引了大台中地區其他扶輪社前來學習與借鏡，進一步擴大了永續行動的影響力。Dollars創新的思維與實踐的行動力，讓社友們深刻體驗到ESG離自己並不遙遠，每個人都可以在自己的生活中落實永續理念。

知識創新扶輪社的十項永續實踐

擁有社工背景的Dollars在得知要接任台中知識創新扶輪社社長後，就不斷深思要如何在僅僅一年的任期內，實踐國際扶輪社的年度主題——「為世界創造希望」（CREATE HOPE in the WORLD）。「怎麼樣能夠創造一個希望呢？創造希望之後，如何讓它持續下去？」抱著這樣的疑問，在知識創新社創社社長陳玉慧（扶輪名Cloud）的建議下，Dollars制訂了一系列永續行動計畫，包括：例會主題、無紙化、共乘、綠生活、永續結合公益服務計畫、廢棄物創意應用，加上扶輪社當年的地區口號是「永續創新」，冥冥之中都引領著該社團走向永續發展的方向。

「根據聯合國永續發展的定義：永續發展是能滿足當代需求，同時不損及後代子孫滿足其本身需求的發展；是一種依賴利息而活，而不是消耗自然老本的發展策略。」統整Dollars過去一整年在永續議題上的推廣，台中知識創新扶輪社共完成了以下十項里程碑，證明了永續是每個人都能選擇並實踐的生活方式。

一、推動「綠生活一個月」運動

二〇二三年，Dollars正式上任後的隔月，台中知識創新扶輪社定期的例會都採用低碳排的蔬食飲食，不只如此，社員們也都加入了綠色生活月的馬拉松，以每日在社群上輪值分享落實永續生活的接力方式，養成綠色生活的習慣。為了支持社友們的行動，Dollars也找到台中地區以實踐ESG核心的組織——「心之谷」、「明日廚房」等組織在例會中進行演講，分享更多綠色生活指南。透過演講，這才發現綠色生活門檻低，從食衣住行發想，像自帶環保杯、購買環境友善產品、支持綠色商店、舊物利用等等都是很容易達到的行動。

經過一個月的嘗試，Dollars發現透過這項運動，社友們的朋友和家人也都開始關注綠色生活這項議題，透過親自實踐，達到了倡議的最佳效果，「每天都可以是地球日。」Dollars身為社長，以身作則，連續三十一天全力落實綠色生活，她認為這樣的時長是養成良好習慣的最佳起點。

二、透過扶輪社公益網媒合跑衣捐贈

扶輪社內有許多熱愛路跑的跑友，Dollars也是其中之一。經常參加路跑的跑友都知道，贈送路跑紀念衣，是馬拉松的標配，在多次參與路跑活動後，路跑紀念衣數量通常都會超出跑友們的日常需求，創社社長Cloud在其擔任扶輪愛跑社團總召時，發起了二手跑衣捐贈行動，後來邀請Dollars在知識創新社及其他跑團共同募集二手跑衣，成功擴大了捐贈行動的規模，讓舊愛變成新歡。

捐贈跑衣並非僅僅丟進舊衣回收箱這麼簡單，這些跑衣大多是排汗材質，具有高度的彈性和優異的伸展性能，其實很適合身障朋友們的需求，可以依照個人身體的需求更方便穿脫。那次跑衣捐贈活動是二〇二三～二〇二四年度地區扶輪公益網主委呂肇傑（扶輪名Tony）六十歲的生日願望，希望透過這項行動，將跑友間閒置的跑衣轉化為對身障群體的支持。連結了幾個跑團後，兩天內便募集到一百零一件排汗衣，最終共募集超過三百件。所有跑衣分別捐贈給苗栗樂福人文關懷協會、彰化晨陽學園及南投康復之家。

接續跑衣捐贈活動的成功，扶輪社友們開始更加意識到家中堆積的舊物應當被善加利用。因此他們利用扶輪社公益網的網絡，將各式各樣的大大小小物品捐贈出去，「甚至有人捐過鋼琴呢！」Dollars在推動舊物變新歡的過程中，搜集了許多有趣的回憶。

三、走讀心之谷永續教育園區

在研究、搜集台中實踐ＥＳＧ企業資料時，Dollars找到了以永續、淨零概念為創辦核心的「心之谷永續教育園區」。二〇二三年七月二十一日，扶輪社成員與家屬們參訪了台中城市地標——秋紅谷，又名「都市之肺」的心之谷永續教育園區。在這裡，社友們了解了園區的創辦理念及其如何在日常生活中實踐永續與淨零排放的目標。透過園區創辦人文蓓蓓執行長與蕭順基永續長的分享，大家深刻感受到，即使是個人微小的行動，也能為地球永續做出貢獻，並意識到將永續理念融入生活的可行性與重要性。之後，扶輪社並邀請園區創辦人文蓓蓓執行長至社內分享綠色生活的方式，從此牽起雙方的緣分，這次合作也促成了社團活動形式的一次革命性改變——原本常年的五星飯店聚餐模式，被永續友善的心之谷例會形式取代，讓社友們親身體驗到了永續聚會的價值與實踐方法。

四、例會ESG主題演講

順應扶輪社年度主題「永續，創新」，Dollars在任內舉辦過三場主題演講，從惜食、氣候、經濟等多個的面向切入，讓社友們透過知識的學習、身體力行、體驗活動探索永續的領域。

三場演講主題分別是：讓醜食變佳餚～終結浪費與廢棄物共生、氣候行動的聲音環境教育計畫分享、金融管理與氣候變遷。當看到演講題目有「金融管理」和「氣候變遷」時，原本Dollars還擔心這些硬主題可能吸引不了社友們的興趣，事實上演講內容非常親切，金融管理與氣候變遷之間的關係其實就是，金融系統如何處理氣候變化帶來的挑戰和風險，隨著全球暖化和氣候災害愈來愈多，企業、政府和金融機構都必須考慮這些環境變化對經濟的長期影響。因此，把氣候變遷的風險納入金融管理變得愈來愈重要。

對於一般人而言，重新思考財務決策，是邁向永續未來的重要一步。無論是個人、企業還是政府，在制訂財務策略時，都需要將環境風險和機會納入考量。我們可以透過支持環保相關的投資（例如綠色金融）、減少碳排放，並預測氣候變化的影響，來幫助建立更永續的未來。日常消費就是一個很好的例子，購買任何用品時，優先選擇來自ESG相關的企業或產品的品牌。永續不是遙不可及的理想，而是每個人日常生活中都可以實踐的選擇。

五、惜食教育

二〇二三年八月，明日環境餐桌廚房創辦人楊七喜受邀至台中知識創新扶輪社演講，多年來她都在菜市場拯救要被丟棄的醜蔬果。楊七喜相信「食物和人一樣，都沒有所謂的剩餘」，這些外觀不佳的蔬果並不代表不美味，有時甚至是無農藥的標記。透過她的努力，這些原本可能被丟棄的食材被賦予新的生命，並將其製成各種料理、食材和調味品。

社友們透過參加明日餐桌體驗活動，學習如何將醜蔬果變成美味莎莎醬，透過實際的體驗和行動，看見醜蔬果的可能性與價值，也在社友們心中種下了惜食的種子，開始在自己的生活中落實，並將惜食的觀念帶給身邊親朋好友。

六、剩食公益

緣分就是如此的奇妙，楊七喜在演講期間，觀察到扶輪社經常選擇五星級飯店聚會，餐點雖然美味而且高品質，但總會因分量過多而留下大量的剩食，這些食物通常只能被丟棄。敏銳的她建議扶輪社與明日餐桌環境廚房合作，將每次例會後的剩食打包，交由明日餐桌分送給無家者，讓珍貴的食物可以送到最需要的地方。

Dollars當下就召開理事會，迅速通過這項提案。知識創新社每次支付一定費用給明日餐桌，用於食物的加熱處理、分裝與分送工作。而明日餐桌則從中提撥部分資金，用於支持無家者重返社會。經過幾次的分送，剩食變「盛食」，無家者也回饋說，自己很久沒有吃到這麼豐盛美味的食物。甚至有無家者加入分裝、分送的行列，用自己的勞力換取工資，開始邁出重返社會的第一步。

社友美門整合行銷總監王麗蓉（扶輪社名Brand）也分享了自己的感受：每次例會結束後，看到食物大量的被倒掉、浪費，心裡其實非常不好受，甚至一度考慮是否要離開扶輪社。如今透過與明日餐桌環境廚房的合作，找到一個讓食物永續、資源有效流動的解方，真的非常欣慰與開心。而這樣的影響力也擴及到台中其他扶輪社，其他社也來向知識創新社取經，想要將剩食交給明日餐桌做更有效的利用。

七、響應九月二十二日無車日

扶輪社每年都會舉行定期的職業參訪，而Dollars任內是於九月二十二日安排至台中精機參訪，當天不僅是Dollars的生日，更是世界無車日，因此她特別在社內推動以共乘方式來響應環保。當天社友彼此聯絡，互相共乘減少碳排量，更是在交通繁忙、停車格一位難求時的好解方，而共乘也成為知識創新社的新習慣，需要前往比較遠的地方時，社友們便會主動聯繫彼此，以共乘的方式前往。

八、總監公訪減少三〇%開銷

扶輪社年度的大型活動之一——總監公式訪問，是地區總監每年到各扶輪社拜訪、檢視年度計畫與成果的重要活動，也是扶輪社全年度開銷較高的一項例行活動。以往都會選擇在五星級飯店舉辦，以高規格接待總監，但Dollars提出大膽的想法，將場地移至「心之谷」，正好符合當年度的「永續、創新」主題，展現了扶輪社對ESG理念的實踐支持。然而，在餐飲的籌備上需要考量很多細節，例如租借餐具避免一次性紙盤紙杯的浪費、以自助餐的形式替代桌菜，減少食物浪費的機會。但因為在不熟悉的場域籌辦，事前也需要花更多心思規畫開會、用餐、晚宴的空間分配等等，增加不少行政工作。

雖然付出的心力比以往還多，但統整下來，知識創新社這次的總監公訪竟然減少了三〇%的開銷，把錢花在刀口上，支持有理念的品牌和企業，剩餘的經費得以挪用至服務計畫中，用於更多具社會影響力的公益行動。

九、二二八接力賽採用環保永續概念的接力賽背心

每年二二八扶輪社都會舉辦接力賽，各社通常都會訂製專屬的跑衣，展現自己的特色，也方便辨識隊友。今年，知識創新扶輪社在社友Brand的介紹，邀請了一位永續設計師為社團設計跑衣，經過多次的討論，做出了一件年年可以穿的環保材質背心。設計師運用二〇二〇年東京奧運剩餘的毛巾，經過剪裁和縫製，將毛巾上的日文「加油さあ」字樣保留下來成為跑衣的亮點設計，背面再以電繡的方式呈現社徽標誌，大大提高知識創新社的識別度。這件跑衣除了支持永續設計師的品牌，且年年可穿，也讓社員們愛不釋手，贏得各方好評。

十、社慶～永續時尚嘉年華

社慶是知識創新扶輪社的年度慶生會活動，自創社以來一直是社員們翹首以待的重要日子。歷年來的服裝主題是基本亮點，過去曾有過「三國」、「疫情」、「古裝」等有趣的主題，讓社員們記憶猶新，總是期待能在這天大展身

手，愈有特色愈好玩！今年，Dollars以「企業＋永續」作為主題，邀請社員們利用工作、生活場域的資源，製作自己的裝扮，意外啟發了社友們的創意潛能：一位服務於國語週刊的社友就用廢棄報紙為全家製作了禮服、麻布袋做套裝、舊衣改造；另一位手巧的社友也為大家編織了可以再次利用的胸花，讓時尚可以永續又有趣。

每個決定都是落實永續生活的機會

雖然每一屆扶輪社長的服務任期都只有短短一年，表面上看來，每個活動都只有一次嘗試的機會，但Dollars並不是用一次性的思維籌畫活動，而是秉持著延續與永續的理念，思考每個決定的長期價值：採取什麼形式、選擇什麼地點，能否在卸任後繼續被沿用？因為這樣前瞻的思維，讓年度主題「永續、創新」的影響力可以在社內延續到下一屆，甚至下下屆。目前每次例會結束後，「明日餐桌」還是會來打包剩食分送給街頭的無家者；社友們之間還是會習慣性的主動相約共乘，綠色生活成為知識創新社的日常習慣。正因為Dollars在活動籌畫中做出有意識的選擇，永續不再只是口號，而是社友們每天的生活方式，你我小小的行動，都變成改變世界的力量。（文字整理：張瑪曦、王麗蓉）

總監叮咚

台中知識創新扶輪社的永續生活延伸思考

- 參加社團時會考量哪些要素？永續會是您評估的要項之一嗎？
- 知識創新社推動的十大永續活動中，讓您印象最深刻的是哪一個？為什麼？
- 您參與的社團或組織是否也推行相關的永續行動？
- 您認為社團推行永續行動時可能會遭遇哪些困難？有什麼可以因應的方式嗎？

第三站

實踐基地

從行動步驟到課程訓練，準備上路

讓品牌用行動實踐永續，用故事打動人心，傳遞愛與責任，共創對地球與社會友善的未來！

行動檢視站：讓心走向行動的自我檢測

推動ESG永續行銷的十個靈魂拷問

「不知為何而戰的人，將會失去一切。」

——馬丁．路德．金（Martin Luther King Jr.）

隨著消費者對品牌的期待日益提高，企業需要更深入地思考如何將行銷策略與永續發展目標結合。在這個過程中，企業應避免流於表面功夫或盲從潮流，而是在思考愈清楚、動機愈明確的基礎上，制訂切實可行的執行策略，從而能在面對挑戰時依然堅持不懈。以下的「十個靈魂拷問」，旨在幫助企業反思其推動ESG永續行銷的初衷與計畫，確保其行動不僅是形式上的，而是實質上能夠為社會、環境及企業本身帶來正向影響。

清楚「為何而戰」是勝利的根本要件

這些問題的設計，不僅有助於企業評估自身的ＥＳＧ承諾，也能促進內部與外部對話，讓員工、股東、供應商、客戶以及社會大眾等各方利益相關者共同參與品牌的永續發展旅程。因此，深入思考這些問題是企業制訂有效行銷策略的基礎，並能在未來的競爭中占據有利位置，這些問題的反思將有助於企業建立一個強健的ＥＳＧ行銷框架，並確認持續走在正確的永續行動之路上。

Q1 我們推動ＥＳＧ永續行銷的根本原因是什麼？

這與企業的創辦理念、願景及核心價值有何關聯？推動ＥＳＧ的關鍵驅動力是什麼？我們非做不可的關鍵原因是什麼？

思考便利貼

在這個問題中，企業應思考：我們為何在ＥＳＧ領域投入這麼多？是基於責任，還是看見長期價值？或者，我們的永續動機僅僅是應對趨勢？我們的企業使命與ＥＳＧ的融合，是短期的應對，還是持久的承諾？

Q2 我們是否堅信ＥＳＧ永續策略對企業的長期發展至關重要？

推行ＥＳＧ策略時，企業是否具備長遠的視角和堅定的信念？這一信念在面對市場挑戰時能否依舊穩固？

思考便利貼

每家企業都會遇到資源與回報的平衡難題，我們的ＥＳＧ計畫是否能夠在各種環境變化中堅守？或是會在財務壓力或營運挑戰下讓步？這項反思有助於企業檢視其長期承諾。

Q3 我們希望透過ESG永續策略達成哪一些具體的社會、環境或企業管理目標？

這些目標是否已經具體化並且明確？哪些是我們能夠測量、追蹤和呈現的？在此，企業應探討具體的ESG目標——是減少碳足跡？提高公平就業？推動透明治理？

思考便利貼

這些目標應該具備可衡量的指標，以便在未來追蹤進展並向利益相關者呈現成果。

Q4 我們如何配置資源並持續提升能力，以有效實施和維護企業與品牌的ESG永續策略？

企業是否具備足夠的內部能力、資源分配和持續學習的計畫來支持ESG實踐？企業在制訂ESG策略時，資源配置是核心。

思考便利貼

企業是否已識別具備該知識的團隊？這些資源的配置是否僅為短期承諾，還是包含長期的增強計畫？

Q5 我們的利益相關者（如員工、客戶、供應商等）對我們的ESG策略有何期望？

這些期望如何影響企業的決策和行動？我們有多了解他們的需求和價值觀？

思考便利貼

我們是否充分理解這些相關者對我們的永續行銷有何期望？他們的需求或信任如何影響我們的策略，甚至會對未來的ESG計畫產生什麼影響？

Q6 我們是否定期與利益相關者進行溝通，以了解他們對我們ESG工作的反饋和建議？

企業是否已經建立了有效的溝通機制，主動邀請並且傾聽各方對ESG策略的回應？

思考便利貼

定期且透明的溝通是維繫信任的基礎。我們是否已建立機制來收集並回應這些反饋？反饋機制是否有效且持續，能夠不斷反映利益相關者的需求變化？

Q7 我們計畫如何評估並呈現ESG成果與進展？

企業將使用哪些方式呈現進展？透過何種管道溝通？

思考便利貼

展示成效不僅僅是交代成果，而是建立透明和信任。我們應該問：我們有否制訂進展報告的週期？使用哪些管道與利益相關者分享，讓成果具有可信度？

Q8 我們是否將ESG永續策略融入到企業的核心業務流程中？

具體的實施計畫是什麼？這是否僅是附加在業務之上，還是完全融入企業的運作？

思考便利貼

ESG策略應該深深嵌入業務運營中，而非作為附加功能。我們如何確保這些策略不是象徵性的，而是從根本上融入每個業務單位？

Q9 我們是否提供教育訓練與培訓課程，幫助內部員工及外部合作夥伴理解

和支持企業的ESG永續目標？

教育訓練的內容和頻率是什麼？這些資源是否能真正增進內外部對ESG策略的理解和實踐？

思考便利貼

要讓ESG理念得以落實，員工和合作夥伴的參與至關重要。企業是否設計出相關的培訓課程，幫助他們了解、認同並推動永續發展？

Q10 我們是否已擬定應對ESG永續行銷相關風險和挑戰的計畫？

風險管理方案如何？當外部挑戰發生時，企業有無備案？

思考便利貼

在這一點上，企業應考慮風險管理的成熟度，例如：應對政策變動、技術挑戰或資金壓力等突發情況，是否有計畫來應對ESG目標的達成障礙？

ESG精準行銷六步驟檢核操作實務

美門整合行銷實例應用

讓這六個步驟成為你的行動計畫，把ESG理念轉化成實際行動。

本書前文「精準行銷六步驟：ESG整合行銷獨家策略工具」（第五十九頁）文中已經詳述這精準行銷六步驟，分別如下：

第一步：找到行銷槓桿支點：**品牌獨特亮點×ESG永續價值**

第二步：說對故事的力量：**傳遞永續價值的力量**

第三步：具行銷力的視覺設計：**用美學傳遞ESG理念**

第四步：精選最適合的攻擊武器：**與ESG價值匹配的傳播管道**

第五步：啟動精準射擊：**智慧投放，減少浪費，推動永續品牌成長**

第六步：業務成交：**成交是品牌承諾的實踐**

整合行銷是一個多層次且環環相扣的過程，它需要透過精心設計的每一個步驟來達成目標，而非依靠單一的行動便能奏效。其成功的核心在於每個階段的溝通訊息都必須保持連貫與統一。這不僅需要精心設計的策略與行動，更需要品牌能將其行銷目標與ESG理念深度結合，打造出具有長期效益的行銷計畫。若企業希望達成精準、高效且具成本效益的行銷成果，必須全盤考量並整合上述的六大策略。透過完整且系統化的策略體系，不僅能夠推動其行銷效益，更能穩步邁向永續發展的目標。

永續行銷便利貼

“**整合與持續行動，是永續整合行銷兩大成功關鍵。**”

接下來，將以美門整合行銷公司自身實踐這六大步驟，進而轉型為永續整合行銷公司的具體過程進行分析，深化讀者對此六步驟實際應用的具體概念。

第一步：找到行銷槓桿支點：品牌獨特亮點×ESG永續價值

●永續前

美門整合行銷致力於幫助企業和品牌深入剖析市場環境，挖掘品牌的差異化優勢。透過精準的市場研究和策略分析，協助客戶確立品牌的「行銷支點」，也就是能夠與目標受眾共鳴並打動消費者的核心價值。這不僅僅是定位品牌的獨特性，更在於強化這些核心亮點，從而提升品牌在消費者心目中的地位，助其在競爭激烈的市場中脫穎而出。美門的專業團隊善於挖掘品牌的獨特價值，並將其有效轉化為市場占有率的品牌記憶關鍵。

> **永續行銷便利貼**
>
> 行銷槓桿支點就是「亮點、人無我有、人有我優」之差異化優勢。

永續後

美門進一步引導品牌思考如何在保持市場競爭優勢的同時，將關懷人類福祉與環境保護的使命融入其核心價值。這不僅僅是追求短期的營收增長，而是通過更具長遠意義的行銷策略來強化品牌價值。透過行銷槓桿的運用，美門幫助企業創造更深層次的品牌忠誠度，建立與消費者的情感聯結，讓品牌不僅受到認同，更吸引消費者成為其永續發展的堅定支持者。

在這樣的策略引導下，品牌超越了商業符號的角色，成為推動社會和環境正向變革的關鍵力量。美門的行銷模式幫助企業在穩健獲利的同時，積極承擔社會責任，實現利潤與責任的平衡。這種全方位的策略不僅助力品牌成長，更讓企業成為對環境與社會產生持續正面影響的永續典範。

> **永續行銷便利貼**
>
> 永續行銷的行動呼籲就是讓消費者不僅認同品牌，更願意成為其永續發展的支持者。

第二步：說對故事的力量：傳遞永續價值的力量

● 永續前

「美門」公司名稱取自聖經經典，是猶太人聖殿一座門的名字，是通往聖殿的必經之路，來源記載於新約聖經使徒行傳三章一－六節：

申初禱告的時候，彼得、約翰上聖殿去。有一個人，生來是瘸腿的，天天被人抬來，放在殿的一個門口（那門名叫美門），要求進殿的人賙濟。他看見彼得、約翰將要進殿，就求他們賙濟。彼得、約翰定睛看他；彼得說：「你看我們！」那人就留意看他們，指望得著什麼，彼得說：「金銀我都沒有，只把我所有的給你！」

美門整合行銷取其意為：為人開啟生命美善之門。新約原文以希臘文寫成，選擇希臘文καλός，原意GOOD、善、好、美善的，衍生意義是「好生意」，同時也有永恆的意思。

美門整合行銷擁有超過二十年以上的豐富市場經驗，服務過上百家企業與品牌，透過深度挖掘品牌的獨特故事，協助客戶塑造觸動人心的品牌形象，讓品牌價值在市場中脫穎而出。甚至有人稱其為「行銷槓桿魔法師」。

永續後

美門致力於深化品牌故事，將永續發展理念巧妙地融入其中，使品牌故事成為傳遞環境與社會責任的重要橋梁。美門協助企業超越傳統的品牌敘事，將品牌的歷史與精神與永續發展目標（SDGs）緊密結合，聚焦於實現具體承諾。這些承諾不僅體現在品牌的日常營運中，更為其未來發展提供明確的指引。每個經過美門精心打造的品牌故事，不再只是陳述過去，而是一份充滿行動力的價值宣言，清晰地向消費者傳遞品牌如何在保護地球、促進社會公平與推動可持續未來方面付諸實際行動。

調整後美門進一步在官網和其他公共平台上明確列出品牌與SDGs相符的具體行動目標，並定期更新進展，讓消費者切實感受到品牌的透明度和誠意。透過這樣的故事傳遞，品牌不再僅僅訴求於利潤，而是以真摯且持續的行動激發共鳴。這不僅提升了品牌的信任度，更為其形象注入持久的吸引力。

> **永續行銷便利貼**
> 成功的永續意識品牌故事，必定不僅僅是一段歷史陳述，而是帶有行動承諾的價值宣言。

第三步：具行銷力的視覺設計：用美學傳遞ESG理念

● **永續前**

美門的設計團隊以高辨識度的專業視覺形象來提升品牌影響力，透過簡單而強烈的設計元素，搭配象徵理性與信任的冷靜藍色，精準傳遞品牌信息，塑造品牌獨特的氣質與個性，使得品牌能夠在市場上快速吸引注意。

● **永續後**

美門重新打造形象標誌，以切割手法塑造「K」的意象，右邊凸顯方向及指標的概念，左側則融入「美門永續」的新理念，整體設計採用簡約時尚的風格，結合大器且具國際的質感。

在色彩方面，也調整為PANTONE 2170C永續藍與PANTONE 346C嫩芽綠。

PANTONE 2170C永續藍是一種穩定而深邃的藍色，象徵著我們對環境保護永續發展的堅定承諾，這個顏色深刻連結我們對自然的珍視，特別是對海洋、天空及地球資源的關愛與尊重。同時，藍色象徵著清潔能源與水資源的保護，這與聯合國永續發展目標中的「保護海洋生態」和「清潔水源」緊密相連。選用這樣的色彩，品牌不僅傳達出對環境保護的責任心，更彰顯出永續理念中所倡導的長久穩定性和透明度。

PANTONE 346C嫩芽綠則象徵著生命的萌發與自然循環，完美傳達了再生與永續的核心理念。綠色與環境保護、植被復育及生態平衡緊密相連，代表企業對氣候變遷應對和生物多樣性支持的承諾。這個顏色代表著生機與活力，呼應企業在推動綠色能源、實現低碳排放以及構建循環經濟方面的價值觀。

> **永續行銷便利貼**
> 品牌企業色是最快速傳遞企業永續價值的途徑之一。

第四步：精選最適合的攻擊武器：與ESG價值匹配的傳播管道

● 永續前

美門行銷的核心工具集中於官網和數位行銷平台，並運用精準的SEO優化技術提升品牌在搜尋引擎中的可見度。我們以兩大專欄：「行銷研究室」與「成功案例」為重點，分享深度的行銷策略分析和品牌轉型故事，讓讀者不僅了解行銷趨勢，更能看到美門如何為企業提供實際的解決方案。這樣的內容設計提升了網站的流量和黏著度，關鍵字「整合行銷」在Google搜尋中長期保持在自然搜尋的前列。此外，美門的SEO策略也讓「美門整合行銷」獲得Google「精選摘要」黃金版位，進一步強化品牌在行銷領域的專業形象，成為潛在客戶心中可靠的行銷夥伴。

永續後

在永續策略的指導下，美門於官網設立了專屬的「永續」專區，成為企業展示其ESG承諾和永續發展策略的重要平台。這一專區不僅介紹美門的永續行銷理念，還透過具體案例分享如何協助客戶落實ESG策略。此外，美門在社群平台上設立了「永續小學堂」單元，定期發布有關環保、社會責任及永續品牌建立相關的教育內容，幫助客戶和受眾深入了解永續行銷的核心價值與實踐方法。

在SEO策略中，美門新增了「永續整合行銷」、「ESG行銷」等永續相關關鍵字，大幅提升品牌在永續話題搜尋中的曝光率。同時，網站上還收錄了多位客戶在永續行銷領域的成功案例，展示他們在減少碳排、改善環境和增加社會影響方面的顯著成果。這一策略不僅成功吸引了對永續行銷有需求的客戶，也成功地塑造了美門在永續行銷領域的專業形象，為其在新興的永續行銷市場中奠定了倡議者的位置。

第五步：啟動精準射擊：智慧投放，減少浪費，推動永續品牌成長

● 永續前

在品牌行銷的精準投放方面，美門以SEO技術為核心，針對特定關鍵字如「整合行銷」、「品牌行銷」進行持續優化，並定期產出與「行銷策略」、「市場趨勢」、「數位行銷工具應用」等主題的深度內容，成功吸引有品牌行銷需求的潛在客戶。這些內容不僅具有理論深度，更結合了實際案例與數據分析，深入探討行銷方案的實際成效，讓潛在客戶能直觀理解其價值與效益。透過這種精準且貼近需求的內容策略，美門不僅累積了專業聲譽，也顯著提升了品牌在搜尋引擎中的排名，吸引大量高質量流量，實現了品牌知名度的提升和客戶轉化率的增

長。這些智慧投放策略，不僅有效擴大了企業的影響力，也讓美門在行銷領域中建立優質的專業形象。

●永續後

在永續轉型的趨勢下，美門進一步將SEO策略擴展至「永續整合行銷」等關鍵字，專注吸引關注ESG價值的客戶群體，並提供相關的行銷解決方案。美門還在社群平台開設了「永續小學堂」單元，定期分享關於永續行銷的知識，例如環境保護的行銷策略、ESG目標設定與管理等實用知識，讓受眾不僅是單純的消費者，更成為品牌永續價值的支持者。這種互動式的教育內容，透過問答環節與實踐討論，吸引消費者積極參與，深入了解品牌的永續行銷理念與實踐。

> **永續行銷便利貼**
> 「關鍵字的選擇與經營，長期來說，相對是低成本也是最長尾、有效的永續行銷工具選擇。」

第六步：業務成交：成交是品牌承諾的實踐

● 永續前

美門透過展示過往成功案例，將其行銷專業與實際成效具體化，讓潛在客戶直觀了解其在品牌推廣與市場增長中的能力，進而建立對美門的信任。透過這種真實且具體的案例分享，美門成功吸引了一些企業客戶申請免費諮詢，並藉此建立與客戶的初步聯繫。這些諮詢服務不僅讓客戶深入理解行銷策略的適用性，也為美門創造了豐富的業務機會，從而達成客戶轉化，推動營收增長。

● 永續後

在永續轉型的背景下，美門將成交視為品牌實踐社會承諾的一個重要環節，而不僅僅是營收增長的途徑。透過將永續理念深度融入行銷策略，美門幫助企業在保持市場競爭力的同時，展現其對社會與環境的責任感。在成交過程中，美門鼓勵品牌以具體行動實踐永續價值，吸引具有永續意識的目標客群，從而強化品牌與消費者之間的情感連結。

在每一次專業諮詢中，美門與客戶共同探討品牌的永續發展潛力，提供量身訂製的永續行銷方案，幫助企業在推動業務增長的同時積極參與環境與社會的改善。這樣的服務不僅提升了品牌的信任度和吸引力，也讓企業在永續行銷領域樹立了先驅形象。通過這種合作模式，成交不再僅是商業目標的實現，更成為雙方共同推動永續價值的重要實踐。

永續行銷便利貼

”永續整合行銷的關鍵是透過諮詢、案例與說明，持續邀請客戶進入永續的領域，成為永續品牌與企業，而我們的產品和服務就是他們進入永續的解決方案。“

ESG精準行銷六步驟對美門團隊來說，不僅是一套行銷策略，更是一種實現品牌永續承諾的行動方式。透過這套完整的策略體系，幫助企業在提升市場競爭力的同時，與客戶共同承擔對環境、社會與治理的長期責任。從行銷槓桿支點、品牌故事的塑造到最終的成交轉化，每個步驟都展現了其對品牌長期價值與社會影響力的深刻重視。從「美門整合行銷」升級為「美門永續整合行銷」的實踐過程，也深刻體會到，行銷不僅是推動宣傳或盈利的工具，更是一條促進社會與環境正向變革的實踐之路。ESG精準行銷六步驟，是美門為企業品牌所量身打造的一套永續發展藍圖。

ESG精準行銷六步驟對美門團隊來說，不僅僅是一套行銷策略，更是一種實現品牌永續承諾的方式。

永續行銷便利貼

“ESG精準行銷六步驟不僅僅是一套行銷策略，更是一種實現品牌永續承諾的方式。”

美門永續ESG槓桿支點檢核表

製圖：美門永續整合行銷。

	以美門為例	
全方位精準行銷六步驟	永續前	永續後
01 ｜找出行銷槓桿支點	幫助企業與品牌找到差異化優勢 （行銷支點）	幫助企業打造懷抱對人、 環境的良善之心，創造永續經營、 長久獲利的好品牌
02 ｜講對故事的威力	美門超過 20 年市場經驗 服務超過 100 個品牌與企業 有業界「行銷槓桿魔法師」之稱	美門在永續方面的實踐 SDGs 符合項目表述 品牌永續實績案例
03 ｜具行銷力的視覺形象	καλός καλός Integrated Marketing Communication 美 門 整 合 行 銷	美門整合行銷 καλός Integrated ESG Communication
04 ｜精選攻擊武器	官網為主 行銷研究室、成功案例兩大類文章	官網首頁加入永續概念 新增「永續」頁面 粉絲專頁增加「永續小學堂」單元 SEO 關鍵字增加永續整合行銷
05 ｜啟動精準射擊	SEO 操作 關鍵字：整合行銷、品牌行銷 撰寫「行銷」、「獲利」相關內容文章	粉絲專頁增加「永續小學堂」單元 SEO 關鍵字增加永續整合行銷
06 ｜輔導業務成交	透過官網文章，以獲利提升、 品牌更新、成功獲利案例為動機， 吸引申請免費諮詢	提供更多對於永續品牌行銷相關的 免費諮詢與討論

終點

終點也是新起點

持續行動就是最佳的永續策略

持續行動，成為最佳的永續指南。每個當下的選擇，都是永續旅程的延伸。行動不僅是起點，更是改變的源頭。

立即啟動你的ESG行銷專案

持續行動就是最佳永續策略

巴塔哥尼亞的啟示：永續不是標籤，而是行動

巴塔哥尼亞這家以永續著稱的企業，近日公開表態，不希望再被稱為「綠色企業」。他們強調，企業不應該輕易給自己冠上「綠色」或「公益」的標籤，認為這些稱號應該由實際行動來定義，而非宣傳用語。這番聲明激起廣泛討論，有人質疑：如果連巴塔哥尼亞這樣的標杆企業都拒絕「綠色」之名，那其他企業又該如何定位與自省？

在當今全球化的舞台上，永續已成為不可忽視的焦點，推動更多企業邁向永續發展是許多人的共同期盼。然而，巴塔哥尼亞的回應並非否定永續的重要性，而是傳遞了一個更深刻的理念：與其依賴華麗的標籤包裝自己，不如讓行動成為企業的最佳證明。企業無需追求「綠色企業」或「公益企業」的名號，而應該聚焦於實際行動的影響。例如，分享你如何減少了垃圾總量、使用了多少永續材料，或是如何解決了社區的具體問題。如果有公益行動，也應以數據和成果為基礎，如幫助了多少兒童改善生活或提升學習機會。

巴塔哥尼亞的做法告訴我們，真正的永續不應止步於標籤或一次性的活動，而是要在日常行為中持續落實。永續應深植於企業的核心價值與文化，成為日復一日的實踐，而非僅僅用來塑造形象的短暫舉措。這樣的態度不僅能為社會帶來更持久的正面影響，也能為企業贏得更深層的價值認同與信任。

> 企業不需要追求掛上「綠色企業」或「公益企業」的徽章，反而應該更專注於實際行動。

永續從小事開始，沒有終點，只有起點

永續和人類生命發展密不可分，是一個漫長且不斷延續的過程，就像養育孩子一樣，需要日復一日的關愛與照料，才能健康成長；又如種下一棵樹，也需要經年累月的呵護，才能看見它茁壯成林。因此，永續不應僅是一次性的活動或短暫的行動，更不能靠一個「大計畫」來定義成功。真正的永續，是將每一個微小的行動融入日常生活，用耐心和毅力從細節中累積力量，持之以恆，才能真正實現長遠的改變和價值。

從一個小小的起點開始，永續行動如同播下一顆種子，隨著努力茁壯成長，

最終可能影響整個社區甚至更遠的地方。就像敲響一個小鈴鐺，響亮的回應便標誌著行動的開始。雖然環境問題與生命課題不會在某天被完全解決，但這並不意味我們可以選擇停下腳步。從今天開始，無論是個人、企業，還是小團隊，只要付諸能力所及的行動，即使只是播下一顆小種子，也可能在未來孕育出一片茂密的森林，為這世界帶來持續而深遠的美好改變。

美門整合行銷的ESG行動實踐

> **很多事，不必等公司變大，營收變多，當下就是最好的實踐時刻。**

美門是一家規模不到十人的小公司，但我們堅信，行動不必等待規模壯大或營收增加，現在就是實踐的最佳時刻。從最初對企業社會責任CSR（Corporate Social Responsibility）的探索，到逐步邁向創造社會共享價值CSV（Creating Shared Value），以實際行動致力於實現企業與社會、企業與環境的共贏局面。近期，美門正積極推動以下努力：

●週休三日制度：工作與生活的平衡

二〇二一年，美門率先實施了週休三日的政策，讓員工在更靈活的時間安排下，平衡工作與生活，這一創新舉措不僅吸引了多家媒體的關注與報導，也在業界引發了熱烈討論。透過這項政策，員工能夠有更多時間陪伴家人、充實自我，並進一步提升了員工的滿意度與工作效率，同時，這也展現了美門在關注員工福祉與實踐企業責任感方面的堅定承諾。

●公益夥伴關係：擴大社會影響力

在社會責任的實踐上，美門積極投入針對五十歲以上人士的自我實踐平台，並建立了多元的公益夥伴關係。這些平台不僅成為美門實踐社會責任的重要舞台，也是其與各界攜手合作，共同推動正向影響力的重要途徑。

●世界展望會Chosen計畫：創造被孩子選擇的機會

除了合作公益夥伴，美門也積極參與國際公益計畫，並成為世界展望會Chosen兒童資助計畫的一員，認養了一名來自孟加拉的女童。這個計畫特別之處在於，由孩子主動選擇資助人，這個過程不僅增強了孩子的自信心，讓他們相信自己有能力掌握未來，更提升了資助人的使命感與參與感。透過這樣的行動，美門表達了對全球兒童的深切關懷，並展現出跨國性的社會責任，同時，也希望藉此拋磚引玉，呼籲更多企業和個人參與公益行動。

支持「明日餐桌環境廚房」和「地表最廢垃圾學校」：實踐食物資源的永續利用

美門也致力於推廣從「續食」到「永續食」的全方位理念，積極推動資源的再利用，改變人們對食物和廢棄物的看法。同時，也致力於建立一個人與廢棄物共生的系統，不僅有效減少浪費，還能協助都市中無家者重新找到歸屬。支持創辦人楊七喜傳遞的核心理念「人與萬物一樣，沒有所謂的剩餘」。

創意設計規畫永續禮物

二〇二四年春節，美門與兩位永續夥伴攜手合作，推出了充滿意義的美門永續概念禮。這次活動包括與明日餐桌廚房合作，輔導無家者利用全植廚房的剩餘油脂製成家事皂；同時，我們還與ESG永續藝術家合作，將閒置但如新的庫存布轉化為可重複使用的美門包布巾。在選擇禮物時，不僅優先考量客戶的需求，更尋求支持公益團體的方式，讓這些禮物不僅傳遞溫暖，還能為他們帶來更多信心。這份禮物承載了美門對永續發展的承諾，也希望收到這些禮物的朋友們，能與美門一起將這份心意化作對人類與地球帶來永久的祝福。

●阿里山藝術聯盟：文化與永續的結合

因為筆者目前就讀於臺南藝術大學藝術創作理論博士班，因此美門對文化與藝術領域的永續發展有著深厚的興趣。二〇二三年，在參與阿里山特富野行銷課程之後，美門也同步展開移地辦公，帶領團隊深入探索阿里山鄒族文化。之後遂與當地鄒族藝術家共同發起成立了「阿里山藝術家聯盟」，這是一個跨領域的合作平台，致力於支持鄒族藝術家們的發展與創作。

透過這個聯盟，在一年內成功舉辦了三場藝術展覽，展現當地藝術家們豐沛的創作能量與資源整合的能力。更以「藝起走，就不孤單；藝起做，就加倍有力量」的精神作為核心訴求。我們深信，未來的原鄉藝術發展需要依靠團隊合作，這樣才能為文化與藝術注入更多創新與可能性。

●永續推廣與社群投入：永續小學堂

在數位領域，美門積極推動永續教育與意識提升，透過「永續小學堂」這個Facebook粉絲專頁單元，定期分享永續發展的知識與最新趨勢。以簡單、淺白且易懂的方式，介紹永續相關內容，讓更多人能輕鬆理解並參與其中。這不僅是美門永續品牌傳播的重要途徑，也是承擔永續公眾教育的責任。

●跨域合作與多元學習：差異化的企業文化

為了持續激發創意與促進跨領域合作，美門推行了跨域多元學習計畫，鼓勵員工透過國內外移地辦公探索新視野，並推動「美門ＫＩＤ」（Karos Input Day），這種「一邊工作、一邊玩、一邊學習」成為我們與眾不同的差異化優勢。另外，透過參與各種文化活動，如看觀賞展覽、聆聽音樂、欣賞電影、參加音樂課、運動健身，甚至潛水體驗，員工能從不同領域中汲取靈感，進而豐富行銷策略與創意思維。

國際潮流：資源共享與環保實踐

自二〇一九年起，美門緊跟國際潮流，積極推行資源共享與環保實踐，採用共享辦公室及租用公務車的模式，減少不必要的資源浪費，同時實現更靈活且具成本效益的工作方式。

從實踐精準行銷六步驟，到推動共享社會價值，每一個經營決策，我都問自己：這樣對人好嗎？對地球好嗎？能讓更多人感到幸福嗎？如果答案是肯定的，便知道我們正朝向永續美善事業的目標前進。

這樣的思維模式超越了單純的利潤追求，更著眼於一種深層的價值觀，讓企業的存在不僅限於經濟收益，而是成為推動社會進步與環境保護的動力。唯有堅守這種信念並付諸行動的企業，才能實現真正的永續獲利，因為這個利益是全人類、全地球所永恆共享的，也是每一位永續品牌企業主，所追求的最大獲利，而這樣的成果，都來自於無數最小美善行動的持續累積，「現在」就是最佳的行動時刻！

> **讓企業的存在價值不僅限於經濟收益，而是成為推動社會進步動力。**

附錄

沿途課程指南

踏上行動的最佳起點

從工作坊到企業訓練，甚至學生永續課程，
為每一步行動奠定基礎。

一日工作坊

ESG永續行銷實踐一日工作坊

活動目標

本次工作坊旨在系統性地學習並應用《對人好，對地球好：企業ESG永續行銷實踐指南》一書中的概念與案例，幫助參與者掌握ESG行銷的核心策略和精準行銷六步驟。透過實務演練與情境模擬，提升參與者在實務工作中設計、推動與改善ESG行銷策略的能力。

活動宗旨

1. **深入理解：**幫助參與者深入理解ESG行銷的核心概念，尤其是如何在企業經營中實踐「對人好，對地球好」的理念。

2. **實務應用**：學習精準行銷六步驟，並通過具體案例討論，掌握如何將ESG策略整合至行銷活動中。
3. **模擬實戰**：透過角色扮演和情境模擬，體驗策略推廣的真實挑戰，提升在ESG行銷中應對媒體、消費者和投資者疑問的能力。
4. **行動啟動**：激發參與者制訂具體行動計畫，將所學轉化為實務操作，逐步推進自身品牌的ESG行銷專案。

活動流程

上午：理論概念與案例分析

- **9:00 AM - 9:30 AM：開場介紹與目標設立**

主題介紹 介紹本次活動的核心價值，說明ESG行銷的未來發展趨勢，並闡述「對人好，對地球好」的企業使命。

目標設立 明確參與者的學習目標和工作坊的預期成果，介紹上午和下午的活動流程。

●9:30 AM - 10:30 AM：ESG行銷基本觀念與工具介紹

- ESG驅動品牌力：探索ESG如何增強品牌影響力和信任度，並成為企業的差異化競爭優勢。
- 精準行銷六步驟：逐步解釋ESG行銷中的核心步驟：
- **第一步：找到行銷槓桿支點：**品牌獨特亮點ESG永續價值
- **第二步：說對故事的力量：**傳遞永續價值的力量
- **第三步：具行銷力的視覺設計：**用美學傳遞ESG理念
- **第四步：精選最適合的攻擊武器：**與ESG價值匹配的傳播管道
- **第五步：啟動精準射擊：**智慧投放，減少浪費，推動永續品牌成長
- **第六步：業務成交：**成交是品牌承諾的實踐

- **10:30 AM - 12:00 PM：案例研討：八個永續實踐案例**

案例分享 介紹書中八個台灣實踐案例（如羅布森樓梯升降椅、香草豬、巨大集團、崴正營造等），展示不同產業如何實踐「對人好，對地球好」的ESG行銷策略。

小組討論 參與者分組分析各案例如何回應十大靈魂拷問，並在精準行銷六步驟的框架下探討其ESG策略成功之處。

小組報告與分享 各組分享討論結果，強調學習重點和啟發。

下午：角色扮演與實務操作

- **1:00 PM - 2:00 PM：ESG行銷策略設計實務練習**

分組練習 各小組選擇一個案例企業，依循精準行銷六步驟設計出符合現代市場需求的ESG行銷策略。

● 2:00 PM - 3:30 PM：角色扮演與實境模擬

情境設定 小組模擬案例企業的ESG策略發布會，展示其永續行銷方案，並接受各方提問，以測試策略的實際可行性。

角色分配

- **內部角色**：分配一位成員扮演CEO，闡述企業的ESG戰略；另一位為永續發展負責人，展示ESG價值的落地方式；另一位擔任行銷經理，解釋如何傳遞ESG訊息。
- **外部角色**：其餘小組成員扮演媒體、消費者和股東，對方案提出挑戰性提問，考驗方案的真實性與市場適應性。

實境演練 各組依次展示提出的方案，接受現場提問並進行現場應對，磨練策略應變能力。

反饋與總結 引導人及其他小組提供具體反饋，強調策略亮點並提出改進建議。

學習反思與應用

● 3:30 PM - 4:30 PM：**學習反思與未來應用**

心得分享 每組成員分享當日的學習收穫與挑戰，討論在工作中應用所學的可行性與策略。

Q&A 開放式討論，引導人回答參與者在ESG行銷操作中的疑問，並針對各產業具體情境給出實務建議。

行動計畫 參與者制訂後續行動計畫，將今日所學運用於日常工作中，設定未來ESG行銷的行動目標，並承諾持續推動品牌的ESG專案。

● 4:30 PM - 5:00 PM：**總結**

活動總結 引導人總結活動重點，強調「持續行動就是最佳的永續策略」，鼓勵參與者在實務中實踐「對人好，對地球好」的品牌理念，成為永續行銷的推動者。

材料準備

1. **案例資料：**《對人好，對地球好》書中八個案例的摘要資料，供小組討論和實務操作。
2. **工具指引：**提供精準行銷六步驟和十大靈魂拷問的討論指引，方便參與者進行案例分析。
3. **角色卡片：**設計角色分配卡片，並設置具體的模擬情境指引，便於角色扮演中的情境模擬。

半日工作坊

ESG永續行銷半日工作坊

活動目標

在短時間內，讓參與者掌握ESG永續行銷的核心理念、了解其在品牌價值提升中的作用，並通過實務案例討論學習具體的應用方法。

活動宗旨

1. **快速理解ESG行銷概念：**掌握如何利用ESG提升品牌價值，並建立長期競爭優勢。
2. **學習實務應用案例：**透過實際企業案例，幫助參與者了解不同產業的ESG行銷應用方式。

3. **啟發實務應用：**引導參與者思考ESG行銷在自身品牌中的應用可能性。

活動流程

第一小時：理論概念速成

● **0:00 - 0:15：開場與目標設立**

主題介紹 介紹本次活動的重點及目標，解釋「對人好，對地球好」的品牌理念，並簡述ESG行銷的未來趨勢。

目標設立 說明本次三小時工作坊的學習重點，包括核心理論、案例解析和應用實踐。

● **0:15 - 0:45：ESG行銷核心概念**

- **ESG驅動品牌力：**概述如何利用ESG增強品牌形象和社會責任感。
- **精準行銷六步驟介紹：**

精準行銷六步驟：逐步解釋ESG行銷中的核心步驟：

1. **第一步：找到行銷槓桿支點：**品牌獨特亮點×ESG永續價值
2. **第二步：說對故事的力量：**傳遞永續價值的力量
3. **第三步：具行銷力的視覺設計：**用美學傳遞ESG理念
4. **第四步：精選最適合的攻擊武器：**與ESG價值匹配的傳播管道
5. **第五步：啟動精準射擊：**智慧投放，減少浪費，推動永續品牌成長
6. **第六步：業務成交：**成交是品牌承諾的實踐

第二小時：實務案例分析

●0:45 - 1:15：案例分享：四個台灣ESG實踐案例

- 簡介《對人好，對地球好》中的四個ESG行銷案例：

■**羅布森樓梯升降椅：**如何融入ESG理念，打造永續品牌文化。

■**香草豬：**藉由無添加生產模式，創造健康、永續的食代革命。

- **巨大集團**：透過自行車文化館推動永續生活方式。
- **崴正營造**：在建築領域中實現企業雙軸轉型，提升品牌的社會價值。

案例重點 分析每個案例如何回應「十大靈魂拷問」，並應用精準行銷六步驟中的策略。

● 1:15 - 1:45：小組討論與分享

- 參與者分組選擇其中一個案例，依循精準行銷六步驟進行深度分析，探討其ESG行銷策略的成功之處及可改進空間。

討論指引

- 品牌如何以ESG策略提升品牌形象？
- 該品牌的行銷策略是否回應了消費者和市場需求？
- 如果是你的品牌，會如何改善其ESG行銷策略？

- 各小組進行簡短報告，分享討論結果與見解。

第三小時：應用反思與行動啟動

● **1:45 - 2:15：行銷策略實務應用討論**

應用思考 引導參與者反思如何將所學應用於自身品牌，並思考自身產業的ESG行銷可行性。

行動計畫 參與者針對自身品牌或企業，初步制訂一份簡單的ESG行銷行動計畫，將理論轉化為實際行動的開端。

● **2:15 - 2:30：活動總結**

總結與反思 引導人歸納今日工作坊重點，重申「對人好，對地球好」的ESG行銷宗旨，並強調永續行銷是品牌長期發展的關鍵。

未來行動建議 鼓勵參與者在未來逐步推進ESG行銷專案，提升品牌在永續方面的競爭優勢。

材料準備

1. **案例資料：**準備四個實務案例的摘要資料，便於參與者進行討論。
2. **工具指引：**提供精準行銷六步驟和十大靈魂拷問的簡要指導。
3. **分組討論指引：**提供討論指引，幫助參與者快速聚焦於案例的關鍵分析點。

企業教育訓練

ESG永續教育訓練（3小時）

訓練目標

1. **認識ESG基本理念：**讓員工了解ESG的核心概念及其對品牌的影響力。
2. **學習實務案例：**透過實際案例，理解ESG在不同企業中的應用，激發員工的永續行動意識。
3. **思考應用方式：**透過小組討論，思考如何將ESG理念融入到日常工作中，成為企業永續行動的一部分。

訓練流程

第一小時：ESG理論觀念與品牌價值

●0:00 - 0:15：開場介紹

永續理念簡介 介紹ESG的核心價值及其在企業中的重要性，說明企業永續對品牌、員工和社會的長期影響。

訓練目標 說明本次訓練的三大目標，包括理解ESG、案例學習和實務應用。

●0:15 - 0:45：ESG行銷基本觀念

- **主題1**：ESG驅動品牌力：介紹ESG如何增強品牌信任度，促進企業永續發展，並形成品牌差異化。
- **主題2**：精準行銷六步驟介紹：逐步解釋ESG行銷中的核心步驟：
  1. **第一步：找到行銷槓桿支點**：品牌獨特亮點×ESG永續價值
  2. **第二步：說對故事的力量**：傳遞永續價值的力量

3. **第三步：具行銷力的視覺設計：**用美學傳遞ESG理念
4. **第四步：精選最適合的攻擊武器：**與ESG價值匹配的傳播管道
5. **第五步：啟動精準射擊：**智慧投放，減少浪費，推動永續品牌成長
6. **第六步：業務成交：**成交是品牌承諾的實踐

第二小時：案例分析與應用

●0:45 - 1:15：案例分享：四個代表性永續實踐案例

- **案例1：羅布森樓梯升降椅：**以永續理念打造產品文化，所有決策都涵蓋ESG元素。
- **案例2：香草豬：**購地種香草，實現無添加產品，推動健康的ESG行銷。
- **案例3：巨大集團：**透過自行車文化體驗，呈現ESG生活，倡導慢活與低碳生活方式。
- **案例4：崴正營造：**企業雙軸轉型，推動建築業的ESG實踐，增強品牌社

會影響力。

● **1:15 - 1:45：小組討論：從案例中學習**

討論任務 參與者分成小組，選擇一個案例進行深入分析，依循精準行銷六步驟，探討該品牌如何實現永續目標。

討論指引

- 該品牌如何以ESG策略增強品牌價值？
- 如果是我們的品牌，應該如何應用這些策略？
- 有哪些具體措施可以在工作中應用，幫助推動企業的永續發展？

小組報告 各組簡短分享討論結果，歸納案例中的學習重點。

第三小時：應用與行動計畫

● **1:45 - 2:15：永續行動啟發**

反思應用 引導參與者思考如何在自己的崗位中實踐ESG理念，並討論具體可行的行動建議。

行動計畫 每組成員針對日常工作，設定一項簡單的永續行動計畫（如減少紙張使用、推動同事共同響應環保活動等），並探討如何在小範圍內推動ESG行動。

● 2:15 - 2:30：總結與未來行動

總結與啟發 回顧本次訓練重點，重申「對人好，對地球好」的永續概念，鼓勵員工將ESG融入到日常工作中。

未來行動建議 引導員工繼續探索更多永續行動，並承諾在企業中持續實踐ESG行銷專案，推動企業整體的永續發展。

材料準備

1. **課程資料：**《對人好，對地球好》書中的案例摘要資料，供小組討論參考。

2. **工具指引：**提供精準行銷六步驟的簡要指導，以便於理解ESG行銷的實際應用。

3. **討論引導資料：**準備小組討論問題引導，幫助參與者聚焦於案例的關鍵分析點。

大學課程

企業ESG永續行銷概論（2小時）

課程目標

1. **理解ESG核心概念：**讓大學生了解ESG的基本理念，並認識其對企業、品牌和社會的長期影響。
2. **學習實務案例：**通過企業成功實踐的案例，展示ESG如何在真實世界中應用，增強學生的實務理解。
3. **啟發思考：**透過問題討論，引導學生思考未來如何在職業生涯中實踐永續行動，並激發其對ESG的深入興趣。

課程大綱

第一部分：ESG觀念概述與品牌價值（30分鐘）

● **導入**

簡要介紹「對人好，對地球好」的ESG行銷概念，解釋ESG的重要性，並介紹ESG作為企業競爭優勢的趨勢。

● **核心內容**

1. **什麼是ESG？**

■ 解釋環境、社會與公司治理的核心內涵及其在企業經營中的作用。

2. **ESG對品牌的影響：**

■ 如何透過ESG提升品牌信任度與忠誠度，使品牌在市場中更具競爭力。

■ 分享研究資料或市場趨勢，說明消費者愈來愈重視企業的永續行動。

3. 精準行銷六步驟：

■ 導入書中提到的精準行銷六步驟，簡述每一步驟在ESG行銷中的作用。

- **第一步：找到行銷槓桿支點：**品牌獨特亮點×ESG永續價值
- **第二步：說對故事的力量：**傳遞永續價值的力量
- **第三步：具行銷力的視覺設計：**用美學傳遞ESG理念
- **第四步：精選最適合的攻擊武器：**與ESG價值匹配的傳播管道
- **第五步：啟動精準射擊：**智慧投放，減少浪費，推動永續品牌成長
- **第六步：業務成交：**成交是品牌承諾的實踐

第二部分：企業ESG案例分析（45分鐘）

案例介紹

簡要介紹《對人好，對地球好》書中的四個代表性案例，展示企業如何實踐ESG理念：

■ **羅布森樓梯升降椅**：如何融入ESG理念，打造永續品牌文化。

■ **香草豬**：藉由無添加生產模式，創造健康、永續的食代革命。

■ **巨大集團**：透過自行車文化館推動永續生活方式。

■ **崴正營造**：在建築領域中實現企業雙軸轉型，提升品牌的社會價值。

● **案例分析引導**：

每個案例分享完後，向學生提問，以促進思考：

■ **羅布森樓梯升降椅**：這家公司是如何把「對人好，對地球好」概念融入每一個經營決策？

■ **香草豬**：無添加、天然安心的產品是否能吸引你？你覺得這樣的品牌價值對於食品安全有多大意義？

■ **巨大集團**：自行車文化探索館推動的生活文化，是否能讓企業在消費者心中形成深刻品牌形象？為什麼？

■ **崴正營造：**建築業如何應用ESG提升企業競爭力？你認為這樣的永續建築理念是否會是未來趨勢？

第三部分：小組討論與總結分享（30分鐘）

分組討論

將學生分成四組，讓每組針對一個案例進行更深入的討論。提供以下討論問題作為引導：

■ 該案例中的品牌是如何回應「對人好，對地球好」的品牌價值？

■ 這些ESG行銷策略具備哪些可取之處？有無值得改善的地方？

■ 如果未來你在這家公司工作，會想出哪些創新方式以增強品牌的ESG價值？

■ 思考ESG行銷中的潛在挑戰，討論企業應如何克服這些挑戰。

小組分享

- 各組派一名代表簡要分享討論結果，包括對案例的看法和發現的改進機會。

總結

- 引導學生思考ESG的實踐對未來職業的意義，並鼓勵他們在個人職涯中持續探索永續發展。
- 最後點出「對人好，對地球好」理念的長遠意義，勉勵學生將來在職場中成為ESG的實踐者和推動者。

材料準備

1. **簡報投影片：**包含ESG基本概念、精準行銷六步驟及案例概要，便於學生快速掌握要點。
2. **案例摘要資料：**簡要描述每個案例的背景和亮點，方便學生小組討論時參考。

3. **討論問題引導：**提供討論指引問題，幫助學生可以快速聚焦於案例分析中的關鍵點。

此課程設計聚焦於基礎理論、實務案例與啟發討論，讓學生在兩小時內快速學習ESG的基本知識及實踐方式，並培養其對永續行動的興趣和理解。

國家圖書館出版品預行編目 (CIP) 資料

對人好，對地球好：企業 ESG 永續行銷實踐指南 / 王麗蓉著 . -- 初版 . -- 臺北市：商周出版：英屬蓋曼群島商家庭傳媒股份有限公司城邦分公司發行，民 113.12

面； 公分 . -- (新商業周刊叢書；BW0859)

ISBN 978-626-390-373-9(平裝)

1.CST: 企業管理 2.CST: 永續發展 3.CST: 行銷策略

494 113017941

新商業周刊叢書　BW0859

對人好，對地球好：
企業 ESG 永續行銷實踐指南

作　　　者／王麗蓉
責 任 編 輯／陳冠豪
版　　　權／吳亭儀、江欣瑜、顏慧儀、游晨瑋
行 銷 業 務／周佑潔、林秀津、林詩富、吳淑華、吳藝佳

總　編　輯／陳美靜
總　經　理／彭之琬
事業群總經理／黃淑貞
發　行　人／何飛鵬
法 律 顧 問／元禾法律事務所　王子文律師
出　　　版／商周出版　臺北市南港區昆陽街 16 號 4 樓
電話：(02)2500-7008　傳真：(02)2500-7759
E-mail：bwp.service@cite.com.tw
Blog：http://bwp25007008.pixnet.net/blog
發　　　行／英屬蓋曼群島商家庭傳媒股份有限公司城邦分公司
台北市南港區昆陽街 16 號 8 樓
書虫客服服務專線：(02)2500-7718・(02)2500-7719
24 小時傳真服務：(02)2500-1990・(02)2500-1991
服務時間：週一至週五 09:30-12:00・13:30-17:00
郵撥帳號：19863813　戶名：書虫股份有限公司
讀者服務信箱：service@readingclub.com.tw
歡迎光臨城邦讀書花園　網址：www.cite.com.tw
香 港 發 行 所／城邦（香港）出版集團有限公司
香港九龍九龍城土瓜灣道 86 號順聯工業大廈 6 樓 A 室
電話：(825)2508-6231　傳真：(852)2578-9337
E-mail：hkcite@biznetvigator.com
馬 新 發 行 所／城邦 (馬新) 出版集團【Cité (M) Sdn Bhd】
41, Jalan Radin Anum, Bandar Baru Sri Petaling, 57000 Kuala Lumpur, Malaysia.
電話：(603)9056-3833　傳真：(603)9057-6622　email: services@cite.my

封 面 設 計／兒日設計　　內文排版／陳姿秀
印　　　刷／鴻霖印刷傳媒股份有限公司
經　銷　商／聯合發行股份有限公司　電話：(02)2917-8022　傳真：(02) 2911-0053
地址：新北市 231 新店區寶橋路 235 巷 6 弄 6 號 2 樓

■ 2024 年（民 113 年）12 月初版

定價／380 元（紙本）　304 元（EPUB）
ISBN：978-626-390-373-9（紙本）
ISBN：9786263903708（EPUB）

Printed in Taiwan
城邦讀書花園
www.cite.com.tw